—— 作者 ——

萨米尔·奥卡沙

英国布里斯托大学科学哲学教授。1998年获牛津大学博士学位，此后曾先后任教于伦敦经济学院、墨西哥国立大学、约克大学，2003年9月加入布里斯托大学，2008年起任该校哲学系主任。已在哲学期刊上发表科学哲学、生物哲学、认识论领域的论文数篇。

[英国] 萨米尔·奥卡沙 著　韩广忠 译

牛津通识读本·

科学哲学

Philosophy of Science

A Very Short Introduction

译林出版社

图书在版编目（CIP）数据

科学哲学 ／（英）萨米尔·奥卡沙（Samir Okasha）著；韩广忠译 . —南京：
译林出版社，2023.1
（牛津通识读本）
书名原文：Philosophy of Science: A Very Short Introduction
ISBN 978-7-5447-9385-8

Ⅰ. ①科… Ⅱ. ①萨… ②韩… Ⅲ. ①科学哲学 Ⅳ. ①N02

中国版本图书馆 CIP 数据核字（2022）第 154241 号

著作权合同登记号 图字：10-2014-197 号

科学哲学 ［英国］萨米尔·奥卡沙 ／ 著 韩广忠 ／ 译

责任编辑 许 昆
装帧设计 韦 枫
校 对 梅 娟
责任印制 董 虎

原文出版 Oxford University Press, 2002
出版发行 译林出版社
地 址 南京市湖南路 1 号 A 楼
邮 箱 yilin@yilin.com
网 址 www.yilin.com
市场热线 025-86633278
排 版 南京展望文化发展有限公司
印 刷 南京新世纪联盟印务有限公司
开 本 850 毫米 ×1168 毫米 1/32
印 张 5.125
插 页 4
版 次 2023 年 1 月第 1 版
印 次 2023 年 1 月第 1 次印刷
书 号 ISBN 978-7-5447-9385-8
定 价 59.50 元

序　言

李醒民

从1978年读研究生算起，我接触、关注、研究科学哲学（philosophy of science）已有三十个年头了。文章和著作没有少撰写，译文和译著没有少移译，阅读的科学哲学书籍当然不会太少。但是，像手头这本通俗易懂、言简意赅、语句流畅的《科学哲学》，我着实是第一次谋面。

这自然是我浏览了译稿之后才有的感受。不过，从作者为本书所取的名字——直译则为《科学哲学：非常简明导论》（*Philosophy of Science: A Very Short Introduction*）——就可一眼看出，这个副标题可谓名副其实：该书仅有短短的七章，篇幅至多十万余字；作者萨米尔·奥卡沙（Samir Okasha）教授论述深入浅出、行文平实，把相当深奥的哲学道理讲得条理分明、头头是道——这是一般人很难做到的，因而显得尤为难能可贵。我佩服作者这种大处着眼、小处落笔，化奥旨为直白的写作风格。作为"牛津通识读本"之一出版，这本小书是当之无愧的。对于中国广大科学哲学爱好者来说，它的确是一本别开生面的速成入门读物。读者借以曲径通幽，也许能够对科学哲学的良辰美景略窥一二。说不定由此生发开来，养成浓厚的兴趣，还会进一步探赜索隐、钩深致远呢。

读者切不要产生错觉，以为书小内容就少，通俗就意味着浅薄。绝非如此！几年前，我在为《中国科学哲学论丛》（李醒民、程承斌主编）所写的新序中指明：科学哲学的研究范围和边界虽然难以精确划定，但是依然可以大致勾勒它的四个论域或内涵。PS1即科学哲学元论。它涉及科学哲学的根本性论题，是科学哲学的"形而上学"层次，与科学知识本身相距较远。例如，科学的目的、目标、对象、价值、范围、限度、划界、方法、预设、信念等等。PS2即科学哲学通论。它涉及科学哲学的普遍性论题，与科学知识整体的关系密切。例如，科学的问题、事实、概念、定律、原理、理论结构，科学的发现和发明、证明和辩护、说明和诠释、语言和隐喻，科学的发展、进步、革命，科学中的机械论和有机论、还原论和活力论、进化论和目的论、因果性和概率性、连续性和分立性，对科学的经验论、理性论、实在论、反实在论、现象论、工具论、整体论、操作论、约定论、物理主义、历史主义、后现代主义的解读等等。PS3即科学哲学个论。它是科学各门分支学科中的哲学问题。例如物理学、生物学、系统论、信息论、复杂性科学等中的哲学问题。如果说以上三个论域大体属于科学哲学内论的话，那么PS4则可以称为科学哲学外论。它的主要研究对象是科学活动和科学建制的本性以及科学与外部世界——自然界、社会、人——的错综复杂的关系。例如，科学的规范结构和精神气质，科学的起源，科学的社会文化功能，科学与人生和人的价值，科学与政治、经济、文化、艺术、哲学、伦理、宗教的内在关联和外在互动等等。(李醒民:《科学哲学的论域、沿革和未来》)打开这本《科学哲学》,我们看到它涉及的论题相当广泛:什么是科学,科学推理,科学中的说明,实在论和反实在论,科学变化和科学革命,物理学、生物学和心理学中的哲学问题,科学和科学非难者。两相对照,读者不难窥见,这本小书或多或少涵盖了科学哲学的四个论域。如果仔细阅读一下它的具体内容,读者不难对此有更为切身的体察。作者善于将大义寓于微言,苟非工夫积久,博观而约取,厚积而薄发,焉能成竹在胸、举重若轻?

众所周知,当今之世,往往被称为科学时代。科学在社会中的地位和重要性,由此略见一斑。单说科学,它以技术——科学的副产品和衍生物——为中介可以转化为无与伦比的物质力量,使我们的衣食住行发生翻天覆地的变化,给人类带来史无前例的福利。这一点有目共睹,毋庸赘言。不仅如此,科学本身作为人类伟大的思想创造和文化成就,也具有震撼人心的精神力量;也就是说,科学具有深邃幽远的精神价值(李醒民:《论科学的精神价值》)或精神功能(李醒民:《论科学的精神功能》)。例如,破除迷信和教条的批判功能,帮助解决社会问题的社会功能,促进社会民主、自由的政治功能,塑造世界观和智力氛围的文化功能,认识自然界和人本身的认知功能,提供解决问题的方法和思维方式的方法功能,给人以美感和美的愉悦的审美功能,训练人的心智和提升人的思想境界的教育功能,如此等等不一而足。遗憾的是,人们往往看不到这一点——实无异于有眼不识泰山。

在现代社会，凡是具有中学文化程度的人，都多少具有一些普通的科学知识。随着大学教育的扩大和普及，具有专门科学知识的人越来越多。令人扼腕叹息的是，人们了解和把握的只是科学知识，人们窥见和注重的只是科学的物质成就。他们既不了解作为一个整体的科学的丰富内涵（作为知识体系、研究活动和社会建制的科学），也不把握科学的精神底蕴和文化意义，当然就更不知道如何以公允的态度和平和的心态正确看待科学了。这种无知状况不仅遍布于普通人，而且在知识分子、社会精英、政府官员中也不乏其人，乃至科学共同体的诸多成员亦"不识庐山真面目"[①]。科学哲学作为对科学进行反思和批判的哲学学科，正是探讨这些问题的。因此，为了了解和把握科学，有必要学点科学哲学。要知道，在现时代，科学已经成为社会的中轴，科学文化已经成为人类文化的特产，而且正在铸造世界的未来。在这样的科学时代，不懂一点科学知识，肯定不能算是现代人；而一点不懂科学哲学，恐怕也难以步入现代人的行列吧？由此看来，奥卡沙教授的小书不啻雪中送炭。对于需要进一步深究的读者，不妨找一些西方科学哲学和科学文化的经典著作读读。在这方面，拙作《科学的文化意蕴——科学文化讲座》和《科学论：科学的三维世界》[②]，也许能起点锦上添花的效用。

[①] 我们的这一估计是切合中国实际的。即使在科学发达的西方国家，情况也与此类似。这里有威兹德姆的言论佐证："科学时代的任何一个人，几乎不知道科学的本性是什么。这不仅包括那些通过周刊意识到科学的人，也包括哲学家和科学家本身在内。"参见 J. O. Wisdom, *Challengeability in Modern Science*, Avebury, 1987, p. 16。

[②] 李醒民：《科学的文化意蕴——科学文化讲座》，北京：高等教育出版社，2007年5月第1版。《科学论：科学的三维世界》，北京：中国人民大学出版社，2010年6月第1版。

作为一本科学哲学普及书籍,《科学哲学》得以翻译、出版,是很有意义的。我希望它能惠及中国的广大读者,对于提高国人的科学素养起到促进作用。当读者洞悉玄奥于涣然冰释之时,指点迷津于山重水复之处,何尝不是一件快事和雅趣?是为序。

目 录

致 谢

比尔·牛顿-史密斯、彼得·利普顿、伊丽莎白·奥卡沙、利兹·理查森、谢莉·考克斯诸君阅读本书初稿并提出了意见，谨致谢意。

萨米尔·奥卡沙

第一章

何为科学?

　　什么是科学?这个问题似乎很容易回答:每个人都知道科学包含诸如物理、化学和生物等学科,而不包括艺术、音乐和神学之类的学科。但是当我们以哲学家的身份询问科学是什么的时候,上述回答就不是我们想要的那种回答了。此时我们所寻求的不是一个通常被称为"科学"的那些活动的清单,而是清单上所列学科的共同特征,换言之,**使科学得以成为科学**的东西是什么。这样一来,我们的问题就不再显得那么平凡了。

　　但是,也许你仍然认为这个问题有些简单化。科学真的只是在试图理解、解释和预言我们生活于其中的世界吗?这当然是一种合理的答案。但是仅仅如此吗?毕竟,各种宗教也同样在试图去理解和解释世界,可是通常并不被看做科学的一个分支。同样地,虽然占星术和算命也在试图预言未来,但大多数人并不将这些活动称为科学。再来考虑一下历史。虽然历史学家的目的是理解和解释过去发生的事件,但是历史通常被归为人文学科而不是科学学科。和许多哲学问题一样,"何为科学?"这个问题实际上比初看上去难解得多。

　　许多人认为科学的显著特征在于科学家探索世界的特殊方

法。这种观点似乎相当有理。因为许多科学的确使用了在其他非科学的学科中找不到的特殊方法。一个明显的例子就是实验方法的运用，它是现代科学发展史上的转折点。然而，并不是所有的科学都运用实验方法——天文学家显然不能在天上做实验，有时必须代之以仔细的观察。在许多社会科学领域，情形也是如此。科学的另一个重要特征是科学理论的建构。科学家并不是仅仅在记录簿上记下他们实验和观察的结果——他们通常希望用一个一般的理论来解释那些结果。虽然这并不是总能很轻易地做到，但已经获得了一些重大的成果。科学哲学的一个关键问题就是去弄明白实验、观察和理论建构等方法是如何帮助科学家揭开那么多自然之谜的。

现代科学之起源

在今天的中小学和大学里，基本是以非历史的方式来教授科学的。教科书采用尽可能方便的形式来表述科学学科的关键思想，很少涉及促成这些科学发现的漫长而又经常曲折发展的历史过程。作为教学方法，这样做是有道理的。但是对于科学思想发展史的适当关注会对理解科学哲学家感兴趣的那些论题有所助益。实际上，我们将在第五章看到得到论证的这种观点：对科学史的密切关注是做好科学哲学工作所必不可少的。

现代科学起源于1500年到1750年之间发生在欧洲的科学高速发展时期，即我们现在所称的科学革命时期。当然，古代和中世纪的人们也从事科学探索——科学革命并不是凭空产生的。

在这些早期阶段,主流的世界观是亚里士多德学说,这一名称来自古希腊哲学家亚里士多德。亚里士多德在物理学、生物学、天文学和宇宙学领域都提出了具体的理论。但是正如他的研究方法那样,亚里士多德的观点对于一个现代科学家来说似乎是非常古怪的。仅举一例:他认为所有的地球物体都仅是由土、火、空气和水四种物质组成的。这种观点显然与现代化学告诉我们的东西相冲突。

在现代科学世界观的发展过程中,第一个关键阶段是哥白尼革命。1542年,波兰天文学家尼古拉斯·哥白尼(1473—1543)发表了一本抨击地心说宇宙模型的著作,地心说模型认为静止不动的地球位于宇宙的中心,行星和太阳都在围绕地球的轨道上旋转。地心说式的天文学也称为托勒密天文学,以古希腊天文学家托勒密的名字命名。它是亚里士多德式世界观的核心,延续了约1800年而未受质疑。但是哥白尼却提出了另外一种观点:**太阳**是宇宙的固定中心,包括地球在内的行星都在环绕太阳的轨道上运行(参见图1)。在这种太阳中心说的模型中,地球仅被看做是另外一个行星,因此也就失去了传统曾经赋予它的独特地位。哥白尼的理论最初遇到了非常大的抗拒,尤其是来自天主教会的抗拒。天主教会认为哥白尼的理论是对《圣经》的背叛,并于1616年禁止宣扬地动学说的书籍发行。然而在不到一百年的时间里,哥白尼学派就被确立为正统的科学。

哥白尼的革新不仅带来了更先进的天文学,通过约翰内斯·开普勒(1571—1630)和伽利略·伽利雷(1564—1642)的

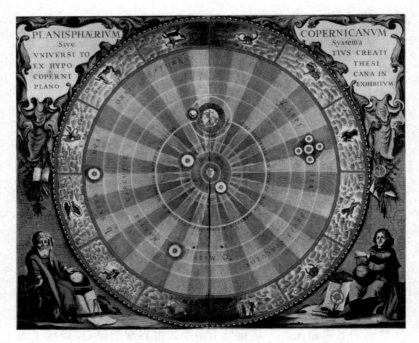

图1 哥白尼的日心说宇宙模型,描绘了包括地球在内的行星围绕太阳旋转的情形

努力,它还间接地推动了现代物理学的发展。开普勒发现,行星围绕太阳运行的轨道不是哥白尼所猜想的正圆形,而是椭圆形。这就是他重要的行星运动"第一定律";他的第二和第三定律明确给出了行星围绕太阳运行的速度。

开普勒的三定律加在一起,给出了一个远比以前提出的理论更好的行星运动理论,解决了许多世纪以来困扰天文学家的难题。伽利略终生追随哥白尼的学说,也是望远镜的早期发明人之一。当把望远镜对准天空的时候,他得到了许多惊人的发现,其中包括月亮上的山脉、大量的恒星、太阳黑子以及木星的卫星。所有这些发现同亚里士多德学派的宇宙学完全矛盾，并在科学共同体转向哥白尼学说的过程中发挥了至关重要的作用。

然而，伽利略最持久的影响并不在天文学，而是在力学中：他推翻了亚里士多德学说中关于重物体比轻物体下落速度更快的理论。取而代之的是，伽利略提出了一种反直觉的观点，认为所有做自由落体运动的物体都以相同速率向地面下落，不受重量影响（参见图2）。（当然，在实践中如果你从相同的高度向下抛一片羽毛和一枚炮弹，炮弹将会首先着地，然而伽利略认为这仅仅是由于空气阻力的作用——在真空中，它们将会同时着地。）另外，他还认为做自由落体运动的物体是均匀加速的，即在相等的时间内获得相等的速度增量；这就是伽利略自由落体定律。伽利略为这一定律提供了尽管不是决定性的却具有说服力的确凿证据，这构成了他力学理论的核心部分。

通常认为，伽利略是第一位真正的现代物理学家。他第一次表明数学语言可被用来描述物质世界中的真实物体的行为，例如下落的物体、抛射的物体等等。在我们看来这似乎是很显然的——今天用数学语言来表述科学理论已经成为惯例，不仅是物理学，在生物学以及经济学领域也是如此。但在伽利略的时代，这却不是显然的：人们普遍认为数学处理的是纯粹抽象的实体，因此对于物质实体是不适用的。伽利略所做工作的另外一个革新方面是，他强调了运用实验来检验假说的重要性。对于现代科学家来说，这也许又是一个看上去显而易见的观点。但是，在伽

'They were seen to fall evenly.'

图2 素描：伽利略测量从比萨斜塔落下物体的速度的神奇实验

利略的时代，人们并不认为实验是一种获得知识的可靠手段。伽利略对于实验检验的强调标志着一种研究自然界的经验方法的出现，这一方法一直沿用至今。

伽利略去世后接下来的那段时期，科学革命突飞猛进。法国哲学家、数学家和科学家勒内·笛卡尔（1596—1650）提出了一门全新的"机械论哲学"，按照这种哲学，物理世界仅由相互作用和相互碰撞的惰性物质粒子构成。控制这些粒子或"微粒"运动的定律就是理解哥白尼式宇宙结构的关键因素，笛卡尔对此深信不疑。机械论哲学声称将用这些惰性的、不可感知的微粒运动来解释一切可观察现象，很快就成为17世纪下半叶的主流科学观；在某种程度上，至今它仍然影响着我们。机械论哲学的观点得到了诸如惠更斯、伽桑狄、胡克、玻意耳等人的支持；对它的广泛接受标志着亚里士多德式世界观寿终正寝。

科学革命在艾萨克·牛顿（1643—1727）的研究工作的推动下达到了顶峰，他的贡献在科学史上无人可出其右。牛顿最杰出的著作是《自然哲学的数学原理》一书，出版于1687年。牛顿虽然赞同机械论哲学家们关于宇宙完全是由运动粒子构成的观点，但他却试图改进笛卡尔运动定律和碰撞规则。其结果是，在牛顿的三大运动定律和他著名的万有引力定律的基础之上，强大的动力学和机械论理论诞生了。按照万有引力定律，宇宙中的每一个物体都对所有其他物体产生引力；两物体间引力的大小取决于它们质量的乘积和它们之间距离的平方。运动定律阐明了引力是如何影响物体运动的。牛顿发明了今天被我们称为"微积分"的数学技巧，对理论的表述具有很高的数学上的精确性和严格性。令人惊奇的是，牛顿能够表明开普勒的行星运动定律和伽利略的自由落体定律（经过微小的修正）都是他的运动定律和万有引力定律的逻辑结果。换言之，无论是天上的还是地上的物体运动，都可以用同样的定律来解释。牛顿给出了这些定律精确的定量形式。

牛顿物理学为此后二百年左右的科学提供了框架，很快就取代了笛卡尔物理学。主要由于牛顿理论的成功，科学的信心在此期间迅速增强。人们普遍认为牛顿的理论揭示了自然界真正的运行方式，并能够解释一切，至少在原则上是可以的。人们作了更为细化的尝试，以便把牛顿力学的解释模式拓展到越来越多的自然现象上。18和19两个世纪见证了巨大的科学进步，尤其是在化学、光学、能源、热力学以及电磁学研究领域。但是大多数情况下，这些新发展都被看做是在一个宽泛的牛顿宇宙观范围之内作出的。科学家们把牛顿的观念作为最根本的正确观念来接受；剩下的工作就是在细节上对其加以填充而已。

牛顿式的理论图景在20世纪上半叶被动摇了，这要归功于物理学上两项革命性的新发展：相对论和量子力学。爱因斯坦发现的相对论表明，在运用于特别巨大的物体或者运动速度极快的物体时，牛顿力学无法给出正确的解答。而量子力学则指出在运用于微观领域的亚原子微粒时，牛顿力学无法给出正确解答。相对论和量子力学两者，特别是后者，是非常奇特和激进的理论，它们关于实在本性的论断使很多人难以接受甚至难以理解。它们的出现导致了物理学上重大的观念变革，这些变革一直延续至今。

到现在为止，我们对于科学历史的简要回顾主要集中在物理学领域。这绝非偶然，物理学不仅在历史上非常重要，在某种意义上也是所有科学学科当中最基础的学科。这是因为，其他科学的研究对象本身都是由物理实体构成的。以植物学为例。植物学家研究植物，植物最终是由分子和原子构成的，这些分子和原子都是物理学微粒。因此，植物学显然不如物理学更基础——尽管这并不是说它不那么重要。我们将在第三章回到这一点进行讨论。但是，如果完全忽略非物理科学，对现代科学起源的一个即使是简要的阐述也将是不完整的。

在生物学领域，最著名的事件是查尔斯·达尔文关于通过自然选择实现物种进化的理论发现，这一理论1859年发表在《物种起源》一书中。在此之前，按照《圣经·创世记》的教导，人们普遍认为不同的物种都是由上帝分别创造的。但是达尔文却认为，当代的物种事实上都是由古代的物种通过一种名为自然选择的过程进化而来的。当一些生物组织依靠它们的本身特征比其他的组织留下更多的后代时，自然选择就开始了；如果这些特征被它们的后代所继承，随着时间的推移，这一种群就会越来越好地适应环境。达尔文认为，尽管这一过程很简单，但是经过许多代之后，它就会导致一个物种进化成另一个全新的物种。达尔文为他的理论提供的证据非常有说服力，以至于在20世纪开始之前它就作为正统的科学被人们接受了，尽管有许多来自神学的反对意见（参见图3）。后续的科研工作为达尔文的理论提供了更为惊

MR. BERGH TO THE RESCUE.

THE DEFRAUDED GORILLA. "That *Man* wants to claim my Pedigree. He says he is one of my Descendants."

Mr. BERGH. "Now, Mr. DARWIN, how could you insult him so?"

图3 达尔文关于人类和大猩猩是从相同祖先演化而来的观点震惊了维多利亚时代的英格兰。(图中文字为：伯格先生来解围。受骗的猩猩："那个人想挤进我们的家谱。他说他是我的后代。"伯格先生："哎呀，达尔文先生，你怎么可以那样侮辱他。")

人的验证，这一理论成为现代生物学世界观的核心观点。

20世纪又见证了另外一场迄今尚未完成的生物学革命：分子生物学，特别是分子基因学的问世。1953年沃森和克里克发现了生命体细胞当中组成基因的遗传物质DNA的结构（参见图4）。沃森和克里克的发现解释了基因信息如何从一个细胞被复制到另一个细胞，并从父母传给子女的问题，从而解释了为何子女往往与父母相像。他们的发现开辟了生物学研究的一个激动人心的新领域。在沃森和克里克的发现问世以来的五十年里，分子生物学飞速发展，改变了我们对遗传以及基因如何构建生物

图4　詹姆斯·沃森和弗朗西斯·克里克以及他们于1953年发现的DNA结构的分子模型——著名的"双螺旋结构"

体的理解。最近试图进行的对人类体内整套基因提供分子水平
描述图的工作，即人类基因组计划，标志着分子生物学的深远发
展。21世纪将会见证这一领域更加激动人心的进步。

　　过去一百年间，投入到科学研究方面的资源比以前任何时
候都要多。带来的一个局面就是新科学学科，诸如计算机科学、
人工智能、语言学和神经科学的大量涌现。也许近三十年来最重
要的事件就是认知科学的兴起，认知科学研究人类认知的各个方
面，例如感知、记忆、学习和推理，并且改造了传统的心理学。认
知科学很大的动力来自一种观点，该观点认为人脑在某种程度上
类似于一台计算机，人类的心智过程因而可以通过与计算机执行
的操作加以对比得到理解。认知科学虽然仍处于婴儿期，但很有
希望依靠它揭示关于意识活动的大量机理。社会科学，特别是经
济学和社会学，在20世纪也得到了繁荣发展，尽管许多人认为它
们在成熟性和严格性方面仍落后于自然科学。在第七章我们将
回到这个问题上来。

何为科学哲学？

　　科学哲学的主要任务是去分析各门科学所采用的研究方法。
你也许会疑惑，为何这一工作应该由哲学家承担，而不是科学家
们自己呢？这是一个很好的问题。部分的回答是，从一个哲学化
的视野来观察科学可以使我们进行更深入的探索——去揭示科
学实践中暗含的但不被科学家们明确讨论的假设。以科学实验
为例来作一解释：假设一个科学家做了一个实验并且获得了一个

特定的结果。他反复多次做这一实验，一直得出相同的结果。然后他可能会停下来，并相信如果他继续在完全相同的条件下做这一实验，得到的结果将一直相同。这一假设也许看起来很显然，但是作为哲学家，就会质疑。有何理由让我们假设将来的重复实验会得到相同的结果？我们怎么知道这是真的呢？科学家不可能花费太多的时间来厘清这些略显古怪的问题：他也许有更好的事情去做。这些是纯粹的哲学问题，我们在下一章会加以阐释。

因此，科学哲学的部分工作就是去质疑科学家认为理所当然的假设。但如果我们暗示科学家自己从来都不讨论哲学问题，就失之偏颇了。事实上，历史上许多科学家在科学哲学的发展过程中发挥了重要的作用。笛卡尔、牛顿和爱因斯坦就是著名的例子。他们每一位都对一些哲学问题深感兴趣，这些问题包括科学应该如何进步，科学应该使用什么样的研究方法，我们对这些方法的信任度有多高，科学的认知是否有限度，等等。我们将会看到，这些问题仍然处于当代科学哲学的核心地带。所以，引起科学哲学家兴趣的论题并不是"纯粹哲学的"；相反，它们曾经引起了历史上一些伟大科学家的关注。另一方面，我们也必须承认今天的许多科学家对科学哲学不感兴趣并且也对其缺乏了解。这当然不是好事，但这并不表明哲学问题已失去意义。倒不如说，这是自然科学加速专业化和现代教育体系中科学和人文学科两极分化的一个结果。

你现在也许仍然想确切知道科学哲学到底是什么。正如上文所说的，说它是"研究科学方法"的学问并没有交代得很确切。

与其提供一个内容更加丰富的定义，我们不如通过直接考察科学哲学中的一个典型问题来进行解释。

科学和伪科学

回顾我们开始时提出的问题：什么是科学？作为20世纪一位颇有影响的科学哲学家，卡尔·波普尔认为科学理论的基本特征是它应具有可证伪性。称一个理论是可证伪的并不是说它是错的。而是说，它意味着该理论能够作出一些可以用经验进行检验的特定预测。如果这些预测被发现是错误的，这一理论就被证伪了，或者说被否证了。因此一个可证伪的理论是指我们能够发现它是错的——它不能和每一个可能的经验过程相容。波普尔认为一些所谓的科学理论是不满足这一条件的，因此根本不应该被称为科学；它们不过是伪科学。

弗洛伊德的精神分析理论是波普尔钟情的伪科学例子之一。按照波普尔的观点，弗洛伊德的理论可以与无论怎样的经验发现相一致。对于患者的任何行为，弗洛伊德学派都可以在他们的理论中找到针对性的解释——他们永远不会承认自己的理论是错误的。波普尔用下面的例子阐述了他的观点。设想一个带有蓄意谋杀倾向的人把一个小孩推到了河里，而另一个人为了救这个小孩牺牲了生命。弗洛伊德学派能够以同样轻易的方式解释两个人的行为：前者精神抑郁，后者已经获得了精神的升华。波普尔认为通过使用诸如精神抑郁、精神高尚和无意识的需求等概念，弗洛伊德的理论可以同任何临床数据相兼容；因此它是不可被证伪的。

波普尔认为，马克思的历史理论也存在这种问题。马克思主张，在全世界的工业化社会中，资本主义将让位于社会主义并最终走向共产主义。但是当这一断言没有变成现实之时，马克思主义者并没有承认马克思的理论是错的，而是会提出一种特殊的辩解来说明发生的事实现象其实与他们的理论完全一致。例如，他们也许会说走向共产主义的必然进程由于福利国家的兴起暂时减缓了速度，福利国家的兴起"软化"了无产阶级并削弱了他们的革命热情。采用这样的方法，马克思的理论就会变得同弗洛伊德的理论一样，与任何可能出现的事态相容。因此按照波普尔的标准，它们都不是真正的科学。

波普尔把弗洛伊德和马克思的理论同爱因斯坦的万有引力理论进行了比较，后者也被称为广义相对论。与弗洛伊德和马克思的理论不同，爱因斯坦的理论作出了一个非常明确的预测：来自遥远星球的光线会在太阳引力场的作用下发生偏折现象。通常这种效果是不会被观察到的——除非在日食的情况下。1919年英国天文学家亚瑟·爱丁顿爵士组织了两个探险考察队去观察那年的日食现象，一队去了巴西，另一队去了非洲在大西洋沿岸上的普林西比岛，目的是验证爱因斯坦的预测。探险队发现星光确实被太阳偏折了，偏斜值几乎与爱因斯坦预测的完全一致。这件事给波普尔留下了极为深刻的印象。爱因斯坦的理论表达了一个确定的、精确的预测，这一预测被观察所证实。假如事实上星光没有被太阳偏折，就表明爱因斯坦是错误的。爱因斯坦的理论因此满足了可证伪性的条件。

波普尔将科学与伪科学区分开来的尝试直观上似乎是很合理的。一种可以符合任何经验数据的理论确实是值得怀疑的。但是有些哲学家认为波普尔的科学标准过于简单化了。波普尔批评弗洛伊德学派和马克思主义者通过解释来回避同他们的理论相矛盾的任何资料数据，而不是接受理论被推翻的事实。看上去他所批评的的确是一种值得怀疑的做法。但是，有证据表明这种做法经常被"有名望的"科学家们采用——这些人并不是波普尔想要归入伪科学领域的科学家——并且已经带来了重要的科学发现。

另外一个天文学方面的例子可以解释这一点。上文提到的牛顿的万有引力定律预测了行星在围绕太阳旋转时应在的轨道。大多数情况下，这些预测通过观察得到了证实。然而，观测到的天王星的轨道却一直与牛顿的理论预测不一致。这一谜团在1846年被两位科学家揭开，英国的亚当斯和法国的勒威耶各自独立地完成了这一工作。他们认为存在着另外一个还未被发现的行星，它对天王星产生了附加的引力作用。假如该行星的引力作用的确是天王星轨迹异常的原因，亚当斯和勒威耶就能够计算出这颗行星应有的质量和应在的位置。不久，人们就在几乎恰好是亚当斯与勒威耶预测的位置发现了海王星。

现在很明显我们不应把亚当斯和勒威耶的行为斥为"非科学"——毕竟，这导向了他们对一颗新行星的发现。但是他们做的正是波普尔批评马克思主义者们所做的事情。他们开始于一个理论——对天王星轨道作出不正确预测的牛顿万有引力定律。他们没有断定牛顿的理论必定是错的,而是忠于这一理论并且试图通过假定存在一颗新行星的方式来解释与理论产生矛盾的观察事实。同样,当资本主义还没有显示出让位于共产主义的迹象的时候,马克思主义者没有得出结论说马克思的理论一定是错的,而是忠实于这一理论并且试图通过其他的方式来解释与理论相矛盾的观察现实。那么,如果我们承认亚当斯和勒威耶的探究方式是好的、的确是科学的范例,谴责马克思主义者是从事伪科学研究就确实不公平吗?

这就表明了波普尔将科学与伪科学区分开来的尝试是不完善的,尽管初看上去很有道理。亚当斯和勒威耶的例子绝不是个案。一般情况下,科学家们不会一遇到与观察数据相矛盾的情况就立即放弃他们的理论。通常,他们会寻找解决矛盾的方法而非放弃理论;这一点我们在第五章里还会谈到。值得牢记的是,事实上科学中的每一项理论都会和某一些事实现象相冲突——找到一个完全符合所有数据资料的理论是非常困难的。显然,如果一个理论与越来越多的数据资料一直相冲突,并且找不到解释冲突的合理方法,它最终将不得不被推翻。但是,如果科学家们在刚发现问题时就轻易抛弃理论,科学就不会有多少进步了。

波普尔所提出的科学标准的失败暴露了一个重要问题。是否真的能够找到所有被我们称为"科学"之物所共同具有且不被任何他物所拥有的特征呢?波普尔认为这个问题的答案是肯定的。他觉得弗洛伊德和马克思的理论显然是不科学的,因此必定会存在这些理论不具有而真正的科学理论具有的某些特征。但是，不管我们是否接受波普尔对弗洛伊德和马克思的否定评价，他关于科学拥有"本质特征"的设想都值得怀疑。毕竟，科学是一种多元性的活动，包含了范围广泛的不同学科和理论。也许它们共享一套能够定义何为科学的固定的特征，但也许这种特征并不存在。哲学家路德维希·维特根斯坦就认为，不存在能够定义何为"游戏"的一系列固定的特征；但存在一束松散的特征，这些特征的大部分被大多数的游戏所具有。然而也许某个特定的游戏不具有该特征束中的任一特征，却仍然是一个游戏。科学或许也是如此。如果真是这样，将科学与伪科学区分开来的一个简单化标准就不可能找到。

第二章

科学推理

　　科学家们经常告诉我们一些关于世界的事实，这些事实如果不是出自他们之口，我们不会相信。例如，生物学家告诉我们，我们和大猩猩有密切的亲缘关系，地理学家告诉我们非洲和南美洲过去连接在一起，宇宙学家告诉我们宇宙一直在膨胀。但是，科学家们是如何获得这些听起来匪夷所思的结论的呢？毕竟，没有人曾经看到一个物种进化成另一个物种，一块大陆分裂成两半，或者看到过宇宙变得越来越大。答案当然是，科学家们是通过推理或推论的过程确信上述事实的。更多地了解这种过程对我们将会大有裨益。科学推理的确切本质是什么？对于科学家们所作的推论我们应该持有多大的信任度？这些就是本章所要讨论的话题。

演绎和归纳

　　逻辑学家在演绎和归纳这两种推理形式之间作了重要的区分。下面是一个演绎推理或者演绎推论的例子：

　　　　所有的法国人都喜欢红葡萄酒

皮埃尔是一个法国人

———————————————

因此,皮埃尔喜欢红葡萄酒

前两项陈述称为推论的前提,而第三项陈述称为结论。这是一个演绎推理,因为它具有以下特征:如果前提为真,那么结论一定也为真。换句话说,如果所有的法国人都喜欢红葡萄酒为真,并且皮埃尔是法国人也为真,那么就会得出皮埃尔确实喜欢红葡萄酒。这种推理通常可以表达为,推理的前提必然导致结论。当然,这种推论的前提在现实情形中几乎当然非真——肯定存在不喜欢红葡萄酒的法国人。然而这并不是重点。使这个推论成立的是存在于前提和结论之间的一种恰当关系,即前提为真则结论也必然为真。前提实际上是否为真则是另外一回事,它并不影响推论的演绎性质。

并非所有的推论都是演绎的。请看下面的例子:

盒子里前五个鸡蛋发臭了
所有鸡蛋上标明的保质日期都相同

———————————————

因此,第六个鸡蛋也将是发臭的

这看起来似乎是一个非常合理的推理。但它却不是演绎性的,因为前提并不必然导致结论。即使前五个鸡蛋确实发臭了,并且即使所有鸡蛋上标明的保质日期相同，也不能保证第六个鸡蛋一样发臭。第六个鸡蛋完好无损的情况是很有可能的。换言之，这个推论的前提为真而结论为假，这在逻辑上是可能的，所以这个推论不是演绎的。它被称为归纳推论。在归纳推论或者说归纳推理中，我们是从关于某对象已被检验的前提推论到关于该对象的未被检验的结论——本例中这个对象是鸡蛋。

演绎推理是一种比归纳推理更可靠的推理方式。进行演绎推理时，我们可以保证从真前提出发就会得出一个真结论。然而，这种情况却不适用于归纳推理。归纳推理很有可能使我们从真前提推出一个假结论。尽管存在这种缺点，我们却似乎一直都在依赖归纳推理，甚至很少对它进行思考。例如，当你早上打开电脑的时候，你相信它不会在你面前爆炸。为什么呢？因为你每天早上都会打开电脑，它至今从来没有在你面前爆炸过。但是，从"迄今为止，我的电脑在打开时都不曾爆炸"到"我的电脑在此时打开将不会爆炸"的推论是归纳的，而不是演绎的。这个推论的前提并不必然得出结论。你的电脑此时爆炸在逻辑上是可能的，即使这在以前从来没有发生过。

在日常生活中，其他归纳推理的例子随处可见。当你逆时针转动方向盘的时候，你认为汽车将会向左而不是向右拐。驾车上路时，你就把生命作为赌注押在这一假定上。是什么使你如此确信它是正确的？如果有人要求你证明这一确信，你将如何回答？除非你是一个机修工，你有可能会回答："在过去每一次我逆时针转动方向盘的时候，汽车都是向左拐的。因此，当我这一次逆时针转动方向盘时也会发生同样的情况。"这同样是归纳推论,而不是演绎推论。归纳推理似乎是我们日常生活中不可或缺的一部分。

科学家们也运用归纳推理吗?答案似乎是肯定的。来看一种被称为唐氏综合征的遗传学疾病。遗传学家告诉我们唐氏综合征患者拥有一条多余的染色体——他们拥有47条而不是常人的46条(参见图5)。他们是如何发现的呢?答案当然是,他们测试了大量的唐氏综合征患者并且发现每一位患者都有一条多余的染色体。于是他们便归纳地推出这一结论,即所有的唐氏综合征患者,包括尚未接受检验的,都有一条多余的染色体。很容易看出这个推论是归纳的。研究样本中的唐氏综合征患者有47条染色体的事实,并不能证明所有的唐氏综合征患者都是如此。尽管不太可能出现这样的情况,但是一个非典型样本的存在也是有可能的。

这种例子绝不是只有一个。事实上,无论何时从有限的资料数据获得一个更普遍的结论,科学家们都要运用归纳推理,这是他们一直使用的方法。以牛顿的万有引力定律为例,如上一章所述,该定律讲的是宇宙中的每一物体都会对任一其他物体产生引力作用。很显然,牛顿并没有通过检验宇宙中的每一物体来得出这一定律——他不可能这样做。其实,他首先发现行星和太阳以及地球表面附近各种运动的物体适用这个定律。从这些数据中,他推论出定律对于所有的物体都适用。这一推论显然也是归纳性的:牛顿定律适用于某些物体的事实并不能保证它适用于所有

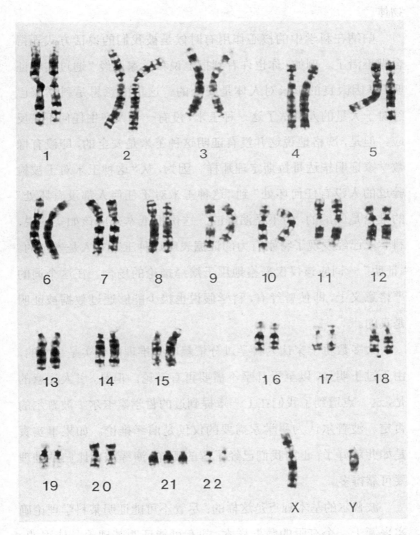

图5　唐氏综合征患者整套染色体（或者说染色体组型）示意图。不像多数正常人的21号染色体具有两条复制体，唐氏综合征患者的21号染色体有3条复制体，因此他们总共有47条染色体

物体。

　　归纳在科学中的核心作用有时候是被我们的说话方式弄得含糊不清了。例如，你也许看到报上说科学家已经"通过实验证明"基因改良的玉米对人体是安全的。这里的意思是科学家已经对于大量的人测试了这一种玉米，没有一个人产生任何不良反应。但是，严格地说这并没有**证明**这种玉米是安全的，即没有像数学家证明毕达哥拉斯定理那样。因为，从"这种玉米对于被检验过的人没有任何坏处"到"这种玉米对于任何人都没有坏处"的推论是归纳的，而不是演绎的。这份报纸本来应该如实地说，科学家已经发现了特别有力的**证据**表明这种玉米对人是安全的。"证明"一词应该仅仅严格地用于演绎推论的场合。在这个词的严格意义上，即使曾经有，科学假说也极少能够通过数据被证明是真的。

　　大多数哲学家认为科学过分依赖归纳推理的事实是显然的，由于过于明显，以至于几乎不需要再有辩论。但是，引人注意的是，这一点遭到了我们在上一章提到过的哲学家卡尔·波普尔的否定。波普尔认为科学家需要的仅仅是演绎推论。如果事实真是如此就好了，正如我们已经了解的那样，演绎推理比归纳推理要可靠得多。

　　波普尔的基本观点是这样的：尽管不可能证明某科学理论确实来源于一个有限的数据样本，却有可能证明某理论是错误的。假设一个科学家一直在思考关于所有金属片都导电的理论。即使她测试的每一片金属确实都导电，这也不能证明该理论是正确的,其原因我们上文已经说清楚了。但是哪怕她仅仅找到一片金属不导电,就可以证明这个理论是错误的。因为,从"这片金属不导电"到"所有的金属片都导电是错误的"的推论是演绎的——前提必然导致结论。因此,如果一个科学家仅仅热衷于解释一个特定理论是错误的,她有可能不使用归纳推论就可以做到。

波普尔观点的缺陷显而易见,原因在于科学家并不仅仅热衷于解释特定理论是错误的。当一个科学家收集实验数据的时候,她的目的也许是为了表明一个特定理论——也许是与她针锋相对的理论——是错误的。但更有可能的是,她正致力于说服人们相信她自己的理论是正确的。为了达到此目的,她将不得不求助于归纳推理。所以,波普尔想表明科学可以不需要归纳是不会成功的。

休谟的问题

虽然归纳推理在逻辑上并非无懈可击,但它似乎是形成关于世界之信念的一种非常合理的方法。迄今为止太阳每天都升起的事实也许不能证明明天它会升起,但是这一事实是否的确给了我们很好的理由相信太阳明天会升起?如果你遇到某个人声称完全拿不准明天太阳是否会照常升起,你即使不说他神志不清,也一定会把他视为非常古怪的人。

然而,是什么证明了我们对于归纳的信任是正确的?我们该怎样说服拒绝归纳推理的人他们是错误的? 18世纪苏格兰哲学家大卫·休谟(1711—1776)对这一问题给出了一个简单而又激进的答案。他认为，运用归纳的正当性不可能完全从理性上被证明。休谟承认，我们在日常生活和科学活动中时刻都在运用归纳方法，但是他主张这仅仅是一种与理性无关的动物性习惯。他认为，若要为归纳的运用提供充分的理由，我们不可能办得到。

休谟如何推出这一令人惊讶的结论？他首先提出，无论我们何时进行归纳推论，似乎都要预设他所称的"自然的齐一性"。为了弄清休谟在这里的意思究竟是什么，我们再回顾一下上一节关于归纳推理的一些内容。我们考察了从"我的电脑至今没有爆炸过"到"我的电脑今天也不会爆炸"；从"所有被检验的唐氏综合征患者都有一条多余的染色体"到"所有唐氏综合征患者都有一条多余的染色体"；从"至今观察到的所有物体都遵守牛顿的引力定律"到"所有的物体都遵守牛顿的引力定律"等这些推论。对于这些案例中的每一情形，我们的推理似乎都依赖于一个假设，即我们未检验过的物体将在某些相关的方面与我们已经检验过的同类物体相似。这一假设正是休谟对于自然的齐一性的解释。

但是正如休谟所问，我们如何获知自然的齐一性假设实际上是正确的呢？我们能否在某种程度上证明（严格意义上的证明）它的正确性呢？不，休谟说，我们不可能做到。因为我们很容易想到，宇宙并不是齐一的，并且宇宙每天都在任意地改变。在这样一个宇宙中，电脑有时也许会无缘无故地发生爆炸，水有时也许会在毫无征兆的情况下使我们中毒，台球在碰撞中也许会停止运动，等等。既然这样一个"非齐一"的宇宙是可能存在的，我们就不可能严格证明自然的齐一性的正确性。原因在于，如果我们可以证明其正确性，这个非齐一的宇宙在逻辑上就不可能存在了。

自然的齐一性虽不可证明，我们却有可能寄望于找到证明其正确性的经验证据。毕竟，迄今为止自然的齐一性一直保持其正确性，这是否就的确给了我们很好的理由相信它是真的？休谟认为，这种观点回避了我们的问题！因为它本身就是一个归纳推理，所以它本身就要依赖自然的齐一性的假设。一个从一开始就假定自然的齐一性的观点，显然不可能被来证明自然的齐一性是正确的。换一种方式来说：一个确定的事实是至今为止自然在大体上是齐一的，但是我们不能引用这一事实去论证自然将持续齐一，因为它假定过去已经发生的情况能可靠地标示未来将会发生的情况——这正**是**自然的齐一性假设。如果我们试图依靠经验来论证自然的齐一性，我们就会陷入循环推理。

休谟观点的力量可以通过下述情况来理解，即设想你如何去说服本该相信而不相信归纳推理的人。你也许会说："看，归纳推理至今都在发挥着很好的作用。通过运用归纳方法科学家已经分裂了原子，使人类登上月球，发明了计算机，等等。反之，那些不曾运用归纳方法的人已经走向痛苦的死亡。他们吞下砒霜，认为它们能滋养身体，从高楼上跳下，认为可以凌空飞翔，等等（参见图6）。因此，运用归纳推理显然会让你受益匪浅。"但是，这当然无法说服怀疑者。因为，声称归纳值得信赖是因为它迄今为止都发挥着很好的作用，这本身就是以一种归纳的方式在进行

图6　那些不相信归纳方法的人所发生的情况

推理。对于尚不信任归纳方法的人来说,这种观点是没有说服力的。此即休谟的基本观点。

这就是问题所在。休谟指出,我们的归纳推论建立在自然的齐一性假设之上。但是我们无法证明自然齐一性是正确的,并且我们只有回避这一问题才能为它的正确性提供经验性证据。所以,我们的归纳推论依据的是一种关于世界的假设,对于该假设我们没有很好的根据。休谟断定,我们对于归纳的信心只是盲目的确信——无论如何它无法在理性上得到辩护。

这种引起人兴趣的观点已经在科学哲学领域产生了巨大的影响,并且这种影响今天仍在持续。(波普尔的一个失败的论证,即科学家仅仅需要运用演绎推论方法,就源于他相信休谟已经表明归纳推理完全是非理性的。)休谟观点的影响并不难理解。在通常情况下,我们认为科学正是理性探究的范式。对科学家们所说的关于世界的一切,我们深信不疑。每一次坐飞机旅行,我们都把自己的生命放在设计飞机的科学家的手上。但是科学却依赖着归纳,休谟的观点似乎表明归纳不可能被理性地辩护。如果休谟正确,建立科学的基础看起来就不如我们所希望的那样坚固。这种使人困惑的情形被称为休谟归纳问题。

哲学家们已经用了差不多数十种方法来回应休谟的问题;在今天,这一问题仍然是研究的热点领域。有些人认为,问题的关键在概率这个概念上。这种提法似乎非常合理。因为人们很自然地就可以想到,尽管一项归纳推论的前提不保证结论正确,但它们确实使结论非常有可能成立。同样,即使科学知识并不是确定的，但它为真的概率仍然很大。但是，对于休谟问题的这种回应又产生了它自身的难题，并且这种回应绝不会被广泛接受；我们将在适当的时候再讨论这一点。

另一个常见的回应是：承认归纳不可能在理性上得到辩护，但是主张这一点事实上并不成问题。人们是如何为这种主张作辩护的呢？一些哲学家已经指出，归纳对于我们思考和推理是如此重要，以至于它并不是那种正当性可以被证明的东西。彼得·斯特劳森，当代一位颇有影响的哲学家，为给这种观点辩护作出了以下类比：如果有人担心一个特定的行为是否合法，他们可以查阅法律书籍并把这一行为同法律书上所写的内容作比较。但是若有人担心法律本身是否合法，这的确就是一种很奇怪的担心了。因为法律是判断其他事情的合法性的标准，探究这种标准本身是否合法几乎是没有意义的。斯特劳森认为，同样的情况也适用于归纳。归纳是一种我们用来决定关于世界的断言是否正确的标准。例如，我们运用归纳来判断一个制药公司关于它的新药物利润惊人的看法是否正确。因此，问归纳本身是否正当是无意义的。

斯特劳森真的成功解决了休谟问题吗？一些哲学家认为是的，另一些哲学家认为不是。但是大多数人都同意，为归纳作出一个令人满意的辩护非常困难。（弗兰克·拉姆齐，一位来自20世纪20年代剑桥大学的哲学家，认为试图为归纳寻求辩护就等于试图"水中捞月"。）这个问题是否应该使我们担心或者动摇我们对科学的信念，是一个你自己应该深思熟虑的难题。

最佳说明的推理

我们至今为止考察过的归纳推论事实上都拥有同样的结构。在每一个例子中，推论的前提都具有这样的形式："迄今为止所有验证过的 x 都是 y"，结论具有的形式是"下一个将要验证的 x 也会是 y"，或者有时说"所有的 x 都是 y"。换言之，这些推论使我们从某种条件下经过验证的情形推出某种条件下未加验证的情形。

正如我们所看到的，这样的推论被广泛应用在日常生活和科学活动中。然而，还存在不符合这种简单模型的另外一种普通非演绎性推论。请看下面的例子：

食品柜里的干酪不见了，仅留下一些干酪碎屑
昨天晚上听到了来自食品柜的刮擦声音

_____

所以，干酪是被老鼠吃了

显然这一推理是非演绎性的：前提并不必然导致结论。干酪有可能是被女仆偷了，她巧妙地留下一些碎屑以使这看起来像是老鼠的杰作（参见图7）。刮擦声响可以由许多方式造成——也许是由于水壶加热过头。尽管如此，这个推论却显然是一个合理的推论。假设老鼠吃掉了干酪似乎比其他各种解释都更为合理。毕竟，女仆通常是不会偷干酪的，现代的水壶一般也不会加热过

图7 老鼠假说与女仆假说二者都可以作为失踪干酪的解释

头。而老鼠通常却一有机会就会偷吃干酪,并且的确会制造些刮擦的声响。因此,虽然我们不能确定猜想老鼠作案是对的,但总体来讲这个假说看起来相当合理:它是对已知事实最好的解释方式。

因为很显然的原因,这种类型的推理被称为"最佳说明的推理"(inference to the best explanation),或者缩略为IBE。围绕着IBE和归纳推论之间的关系产生了某些术语混乱。有些哲学家把IBE归为归纳推论的一种;实际上,他们使用"归纳推论"一词指的是"任何一种非演绎的推论"。另外一些哲学家把IBE和归纳推论对立看待,正如我们在前文所做的。按照这种划分方式,"归纳推论"专指从某种既定的已检验的情形推出某种未检验的情形,即我们在之前考察过的那类情形;IBE和归纳推论因此是两种不同类型的非演绎推论。只要我们坚持这一点,在选择术语时就不会有什么为难之处。

科学家们频繁地使用IBE。例如,达尔文通过唤起对生物世界各种现象的关注来论证他的进化论,认为如果假设现存的物种都是孤立地被创造出来,生物世界的现象就很难得到解释,但是如果像他理论中所说的,现存物种是从共同的祖先演化而来,就很容易说得通。例如,马和斑马的腿二者在解剖学上具有紧密的相似性。如果上帝分别创造了马和斑马,我们如何解释上述情况呢?可以想见,只要愿意,上帝本可以把它们的腿做得大为不同。但是,如果马和斑马二者是由上一级共同祖先演化而来的,这就为它们的解剖学相似性提供了一种显明的解释。达尔文认为,他的理论对于这种现象以及其他许多种现象的解释力,为其正确性提供了强而有力的证据。

另一个IBE的例子是爱因斯坦对于布朗运动的杰出贡献。布朗运动指的是悬浮在液体或气体中的微小颗粒所作的无规则、曲折的运动。它是由苏格兰植物学家罗伯特·布朗(1773—1858)在1827年观察水中漂浮的花粉粒时发现的。19世纪出现了许多种试图解释布朗运动的理论。一种理论把运动归因于颗粒间的电荷吸引力,另一种理论将其归因于来自外在环境的扰动作用，还有一种理论则归因于液体内的对流作用。正确的解释建立在物质动力学说之上，该理论认为液体和气体都是由运动着的原子和分子组成的。悬浮的微粒与周围的分子发生碰撞，导致了由布朗第一个观察到的无规律的、任意的运动。这一理论最早是在19世纪后期提出的，但并没有得到广泛接受，在一定程度上是因为许多科学家并不相信原子和分子是真实的物理实体。但是在1905年，爱因斯坦对于布朗运动进行了独创性的数学分析，作出了许多精确的、定量的预测，这些预测都被后来的实验所证实。在爱因斯坦的研究之后，分子运动论很快被认为是为布朗运动提供了一种远远优于其他理论的解释，对于原子和分子是否存在的质疑很快就平息了。

一个有趣的问题是，IBE和普通的归纳哪一种是更基本的推论模式。哲学家吉尔伯特·哈曼认为IBE更基本。按照这种观点，无论何时作出诸如"至今所有已检验的金属片都导电，所以所有的金属片都导电"这样的普通归纳推论，我们暗中都在诉诸解释性的观点。我们假设的是，对于样本中的金属片为何导电的正确解释，无论它是什么，都必然推出所有的金属片导电；这就是我们进行归纳推理的原因。但是如果我们相信，样本中的金属片之所以导电是因为（例如）一个实验人员对其进行了处理，我们就不会推出所有的金属片都导电。这一观点的支持者并不是认为IBE和一般的归纳之间没有任何差别——差别显然是有的，而是认为普通的归纳最终要依赖于IBE。

其他的哲学家则认为这正好颠倒了事实：他们认为，IBE本身依附在普通的归纳之上。为了找到支持这种观点的理由，让我们回顾一下上文的食品柜干酪的例子。我们为什么认为老鼠假说是一种比女仆假说更好的解释呢？大概是因为，我们知道女仆通常是不偷吃干酪的，而老鼠却不然。但是，这是我们从普通的归纳推理中得到的知识，建立在我们对于老鼠和女仆先前行为观察的基础之上。所以按照这种观点，若想决定在一组竞争性的假说中哪一个是对事件的最佳解释，我们总是诉诸从普通的归纳中获得的知识。因此，认为IBE是一种更基本推论模式的观点是不正确的。

　　无论偏向于上述对立观点中的哪一种，有一点显然要引起更多的关注。若想使用IBE，我们需要某种方法来确定竞争性假说中哪一个提供了对事实的最佳解释。通过什么标准来确定这一点呢？一种常见的答案是，最佳解释指的是最简单或者原因最少的解释。再回顾一下食品柜干酪的例子。其中有两个事实需要解释：丢失的干酪和刮擦的声响。老鼠假说仅仅假定了一个原因——老鼠——来解释两个事实。女仆假说必须假定两个因素——一个不诚实的女仆和一个过度加热的水壶——作为条件来解释同样的事实。所以老鼠假说假设的原因更少，因此更好。在达尔文的例子中也是如此。达尔文的理论能够解释关于生物世界非常广泛的事实，并不只是物种之间解剖学上的相似性。正如达尔文了解的那样，这些事实中的每一个都可以通过其他的方式得到解释。但是进化论能一揽子解释所有的事实——这就是使它成为最佳解释的原因。

简单性或简洁性是一个好的解释的标志——这一观点相当有吸引力，并且对于充实IBE观点确有帮助。但如果科学家运用简单性作为进行推论的指导，就会产生一个问题。我们如何知道宇宙是简单而不是复杂的呢？偏爱以最少的原因来解释事实的理论看似的确有理。但是，对比不如它简单的理论，是否存在客观的理由支持它更有可能正确呢？科学哲学家在这个难题上并没有达成一致意见。

概率与归纳

概率的概念在哲学上令人困惑。部分的困惑在于，"概率"这个词似乎具有不止一种含义。如果听说英国妇女寿命达到100岁的概率是十个中有一个，你会把该信息理解为有十分之一的英国妇女寿命达到了100岁。同样，如果听说男性吸烟者患肺癌的概率是四个中有一个，你会认为这指的是有四分之一的男性吸烟者患肺癌。这被称为概率的频率意义上的解释：它把概率等同于比例，或者说频率。但是，如果你看到在火星上发现生命的概率是千分之一，你会如何理解呢？这意味着太阳系中每一千个行星中就有一个有生命吗？显然不是。首先，太阳系中仅仅存在九个行星。因此，概率在这里必定有另一种所指。

对于"火星上存在生命的概率是千分之一"的一种解释是，如此陈述的人只是在表达他们自己的主观想法——告诉我们对于火星上存在生命，他们认为有多大的可能性。这是概率的主观意义上的解释。它把概率作为衡量我们个人信念强弱的一种尺度。显然，我们对自己所持的某些信念比其他的信念要更为坚定。我非常有信心巴西队会夺得世界杯，也比较相信耶稣基督的存在，但不怎么相信全球环境灾难可以避免。这一点可以通过以下的陈述来表达：我对"巴西队会夺得世界杯"这一说法赋予很高的概率，对"耶稣基督的存在"赋予较高的概率，对"地球环境灾难可以避免"赋予较低的概率。当然，要给这些陈述的信念强度标出精确的数值是很难的，但主观式解释的支持者认为这仅仅是实践上的不足。他们认为，在原则上，我们应该能够对每一种陈述赋予一个精确的、用数字表示的概率，来反映我们相信或不相信这些陈述的强度有多大。

概率的主观式解释暗示了不存在关于概率的客观的、独立于人的信念之事实。我说火星上存在生命的概率很高，而你说这个概率很低，我们之间没有谁对谁错——我们都仅仅是在表达我们对相关陈述有多强的信念。当然，关于火星上是否有生命，客观的事实是存在的；但是按照主观式解释，在火星上有生命的可能性有多大这一点上则不会有客观的事实存在。

概率的逻辑学解释拒绝接受这种立场。它认为诸如"火星上有生命的概率很高"这一陈述存在客观上的对错之别，它与一组特定的证据相关。按照这种观点，一个陈述的概率即支持该陈述的证据强弱的尺度。逻辑学解释的支持者认为，在用语言所作的任何两个陈述中，我们在原则上可以得出其中一个陈述的概率，而把另一个陈述作为证据。例如，已知现在地球变暖的速度，我们想要得出在一万年之内出现冰川期的概率。主观式解释认为，关于这种概率的客观事实并不存在。但逻辑学解释坚持认为它存在：现在地球变暖的速度对于一万年内出现冰川期的陈述赋予了一个确定的可用数字表达的概率，比如说是0.9。0.9的概率显然很高——最大值是1，所以在给定地球变暖的证据下，"一万年内出现冰川期的概率很高"这一陈述在客观上就是正确的。

如果已经学习了概率论或统计学，你也许会对上述概率有不同解释的说法感到困惑。这些解释和你所学的如何相关？答案是：概率的数学研究本身并没有告诉我们概率的含义，这一含义正是我们在上文一直探究的。事实上，大多数的统计学家会倾向于概率的频率式解释，但是，关于如何解释概率的问题，正如大多数哲学问题一样，不可能以数学的方式得到解决。不论采用哪一种解释，计算概率的数学公式都是一样的。

科学哲学家对概率感兴趣主要出于两个原因。一是在许多科学分支，特别是物理学和生物学中，定律和理论都是运用概率这个概念得出的。例如，以著名的孟德尔遗传学理论为例，它研究的是有性繁殖的种群中基因的代际传递问题。孟德尔遗传学最重要的原理之一是，有机体中的每一个基因成为该有机体的配子（精子或卵子）的机会都是50%。因此，你母亲身上的任何基因将有50%的机会也存在于你的体内，你父亲身上的基因也同样如此。运用这一原理与其他的原理，遗传学家能够提供详细的解释，即为什么某些显著的特性（例如眼睛的颜色）以现有方式在家族的代际之中分配。在此，"机会"就是概率的另一种表达，孟德尔遗传学原理显然切实运用了概率的概念。还可以给出许多其他的例子，这些例子都是通过概率来表达科学定律和原理的。理解这些定律和原理的需要，是对概率进行哲学研究的一个重要动力。

科学哲学家对概率这个概念感兴趣的第二个原因，是希望可以借助它阐明归纳推论，特别是休谟问题；这一点就是我们在此所关注的。休谟问题的根源是这样一个事实：一个归纳推论的前提条件并不保证其结论为真。然而人们很容易声称，一个典型归纳推论的前提条件确实为结论赋予了很高的可能性。尽管至今为止所有被检验的物体都遵循牛顿万有引力定律这一事实，并不能证明所有的物体都是这样，但该事实肯定就使得所有物体都遵循牛顿万有引力定律很有可能吗？休谟问题真的很容易得到解答吗？

事情并非如此简单。我们必须追问，对休谟的回应采取的是哪一种概率解释方式。按照频率式解释，说极有可能所有物体都遵循牛顿定律，就是指所有的物体中有很大比例遵循这一定律。但是除非运用归纳法，我们无法知道这一点！我们仅仅验证了宇宙所有物体中很小的一部分。因此，休谟问题仍然存在。看待这一点的另一方式是这样的：我们先看从"所有已检验的物体都遵循牛顿定律"到"所有物体都遵循牛顿定律"这一推论。为了回应休谟的担心，即这一推论的前提不保证结论为真，我们设想即便如此它却使结论很可能成立。但是，从"所有已检验的物体都遵循牛顿定律"到"所有物体都遵循牛顿定律很可能成立"仍然是归纳推论，鉴于后者意指"所有物体中有很大比例遵循牛顿定律",正如频率式解释的情形。所以,若采用概率的频率式解释,诉诸概率这个概念就并不能解决休谟的问题。因为这样的话,关于概率的知识本身就得依靠归纳。

概率的主观式解释对于休谟问题同样无能为力,尽管原因有所不同。假设约翰认为太阳明天将会升起而杰克认为它不会升起。两人都接受在过去太阳每天都升起的证据。在直觉上,我们会说约翰是理性的而杰克则不是,因为证据使约翰所相信的更为可能。但是如果概率仅是一个主观观念的问题,我们就不能这样说。我们所有能说的只是,约翰对于"太阳明天升起"赋予了一个很高的概率而杰克没有。如果不存在关于概率的客观事实,我们就不能说归纳推论的结论在客观上是可能的。所以我们就无法解释为什么像杰克那样拒绝使用归纳方法的人是不理性的。然而,休谟问题正需要这样的一个解释。

概率的逻辑学解释更有希望在休谟问题上作出令人满意的回应。鉴于太阳在过去的每一天都升起了,我们假设有一个关于太阳明天将会升起这一概率的客观事实。假设这一概率非常高。由此,我们就能解释为什么约翰是理性的而杰克不是。因为,约翰和杰克两人都接受了太阳过去天天升起的证据,但是杰克没有意识到这一证据使得太阳明天升起很可能成立,而约翰却意识到了这一点。正如逻辑学解释所建议的,把一个陈述的概率看做是支持它的证据的衡量尺度,这与我们的直观感觉——归纳推论的前提条件可以使结论很可能成立,即便不能保证其正确性——巧妙地吻合。

因此，那些试图通过概率概念来解决休谟问题的哲学家倾向于支持逻辑学解释就不足为奇了。（其中之一就是著名经济学家约翰·梅纳德·凯恩斯，他的早期兴趣在于逻辑学和哲学。）不幸的是，今天的大多数人认为概率的逻辑学解释面临着非常严重的、可能无法克服的难题。这是因为，在任何细节上完成概率的逻辑学解释的尝试都碰到了一堆问题，既有数学上的也有哲学上的。结果是，今天许多哲学家倾向于彻底拒斥逻辑学解释的基本假设——在给出另一个客观事实的情况下，存在关于一个陈述之概率的客观事实。拒斥这种假设自然就导向了概率的主观解释，然而正如我们已经了解的，主观解释在休谟问题上提供令人满意的回应希望渺茫。

即使休谟问题如看起来那样无望最终解决，关于这一问题的思考仍然有其价值。对于归纳问题的思考引导我们进入了一个有趣的问题之域，这些问题关乎科学推理的结构、理性的本质、人类依赖科学的适当限度、概率的解释，等等。与大多数哲学问题一样，这些问题可能没有终极答案，但是在探究它们的同时，我们也对科学知识的本质和界限了解了很多。

第三章

科学中的解释

　　科学最重要的目的之一就是试图解释我们周围世界中所发生的一切。有时候，我们会出于实际的目的寻求解释。例如，我们也许想知道为什么臭氧层损耗的速度这么快，从而试着对它采取一些措施。在其他情况下，我们寻求科学解释仅仅是出于猎奇心理——我们想对这个世界了解得更多。在历史上，对科学解释的追求是由这两个目标共同推进的。

　　在提供解释这一目的上，现代科学常常能够成功。例如，化学家能够解释为什么钠在燃烧时变黄。天文学家能够解释为什么日食会出现。经济学家可以解释为什么日元在20世纪80年代贬值。遗传学家可以解释为什么男性秃头易于在家族内部遗传。神经生理学家可以解释为什么极度缺氧会导致大脑损伤。也许你还能想到许多其他成功的科学解释的例子。

　　但是，科学解释确切地说**是**什么呢？说一个现象能够被科学进行"解释"究竟是什么意思？这是一个自亚里士多德开始就引起哲学家思虑的问题，但是我们将以美国哲学家卡尔·亨普尔在20世纪50年代对科学解释作出的著名阐释作为论述的起点。亨普尔的阐释被称为解释的**覆盖律**模型，其名称的由来在下文会有交代。

亨普尔的覆盖律解释模型

覆盖律模型背后的基本思想是直截了当的。亨普尔指出，科学解释通常是在回应被他称为"寻求解释的原因类问题"时给出的。这些问题包括诸如"为什么地球不是完全圆球形的？"、"为什么女人的寿命比男人长？"等等——它们都寻求解释。给出科学解释因此就成了对寻求解释的原因类问题提供满意的答案。若能确定这个答案必须具有的本质特征，我们就会知道科学解释指的是什么。

亨普尔认为，科学解释的典型逻辑结构和论证是一样的，即由一系列前提得出一个结论。结论断言待解释的现象实际发生了，前提则告诉我们这个结论为什么正确。这样，我们可以设想有人询问为什么糖在水中会溶解。这就是一个寻求解释的原因类问题。要回答它，亨普尔认为，我们必须构建一个论证，其结论是"糖在水中溶解"，前提则告诉我们为什么这个结论是正确的。如此一来，为科学解释提供描述的任务就变成了准确地刻画一组前提和一个结论之间必定具有的关系，从而把前者看做对后者的解释。这就是亨普尔为自己设定的问题。

亨普尔对于这一问题的回答分三个层次。第一，前提应该保证推出结论，即论证应该是演绎推理。第二，前提应该全部为真。第三，前提应该至少包含一个普适定律。普适定律指的是诸如"所有的金属都导电"、"一个物体的加速度与它的质量成反比变化"、"所有的植物都含有叶绿素"等等；它们与诸如"这一片金属导电"、"我书桌上的植物含有叶绿素"等特殊事实相对。普适定律有时也被称为"自然律"。亨普尔承认，科学解释也会像求助于普适定律那样求助于特定事实，但是他认为至少一个普适定律总是必需的。因此按照亨普尔的观念，解释一个现象就是去表明它的出现可以从一个普适定律演绎地推出，也许还要补充其他的定律和/或特定事实，它们都必须是正确的。

为了解释这一观点，假设我正尝试解释为什么书桌上的植物死掉了。我可能给出如下解释：我学习的地方光线太暗，阳光无法照射到植物上；而阳光是植物进行光合作用所必需的；并且没有光合作用，植物就不能制造它存活所必需的碳水化合物，因此就会死掉。这一解释完全符合亨普尔的解释模型，它对植物死亡的解释是通过从两个正确的定律（阳光是光合作用所必需的以及光合作用是植物存活所必需的）和一个特定事实（植物没有受到任何阳光的照射）进行演绎而得出的。由于这两个法则和特定事实的正确性，植物的死亡就**不得不**发生了；于是前者构成了对后者的一个很好的解释。

亨普尔的解释模型可以用如下示意图来描述：

普适定律

特定事实

=>

待解释的现象

待解释的现象被称为**被解释项**,用做解释的普适定律和特定事实被称为**解释项**。被解释项本身或者是一个特定事实,或者是一个普适定律。在上面的例子中,它是一个特定事实——我的植物的死亡。但是有时候,我们想要解释的对象具有普遍性。例如,我们会希望解释在太阳下暴晒导致皮肤癌的原因。这是一个普适定律,而不是特定事实。为了解释它,我们需要从更加基础的法则——大约是光线对皮肤细胞影响的法则——出发进行演绎,并结合关于太阳辐射能量的特定事实。因此,不管被解释项(即我们试图解释的事物)是特定的还是普通的,科学解释的结构在本质上是一样的。

很容易看出为什么亨普尔的模型被称为覆盖律解释模型:按照这一模型,解释的本质就是表明待解释的现象是被某个自然普适定律所"覆盖"的。这种观点确实有吸引人之处。因为,表明一个现象是某个普适定律的结果确实在某种意义上祛除了它的神秘性——使它更易于理解。事实上,科学解释的确经常符合亨普尔所描述的形式。例如,牛顿解释了为什么行星在椭圆轨道上围绕太阳旋转的现象,表明这可以由他的万有引力定律以及一些次要的附加假设演绎地推导出来。牛顿的解释完全符合亨普尔的解释模型:这里对现象的解释方式是,在自然律以及一些附加事实面前,一个现象不得不如此。牛顿之后,为什么行星轨道是椭圆形的这个问题就不再神秘了。

亨普尔知道,并不是所有的科学解释都完全符合他的模型。例如,如果你问人为何雅典总是沉浸在烟雾之中,他们可能会说:

"因为汽车的尾气污染。"这是一个完全可以接受的科学解释，尽管它并没有涉及任何定律。然而亨普尔会说，如果该解释被详细地表达出来，就会涉及定律。可能存在一个类似这样的定律："如果一氧化碳以足够大的密度被排放到地球大气层，烟雾云就会形成。"对于雅典为什么沉浸在烟雾中的充分解释将会援引这一定律，以及如下事实：汽车尾气中含有一氧化碳；雅典有很多汽车。在实践中，我们不会作出如此详细的解释，除非是学究气十足的人。但是一旦我们想解释清楚，它就会同覆盖律形式相当吻合。

从他关于解释与预测之联系的模型中，亨普尔得出了一个有趣的哲学结论。他认为，解释和预测是同一个硬币的两面。无论何时对一个现象进行覆盖律解释，我们本来都可以利用所引用的规律和特定事实预测出该现象的发生，即使我们并不知晓。为了解释这一点，我们再看一下牛顿对于行星轨道为什么是椭圆形的解释。这一事实早在牛顿用他的引力理论进行解释之前就为人所知——发现者是开普勒。但是即使不为人知，牛顿本来也可以通过引力理论预测出来，因为他的理论与次要的附加假设相结合必然推出行星的轨道是椭圆形的。亨普尔是通过以下说法来表达这一点的：每一个科学解释都潜在地是一个预测——它可以用来预测相关现象，即使该现象还没有被了解。亨普尔认为反过来说也是正确的：每一个可靠的预测都潜在地是一种解释。为了说明这一点，假设科学家根据山区大猩猩生活环境遭破坏的信息，预测它们将会在2010年前灭绝。假设这一预测被证明是正确的。按照亨普尔的观点，他们在大猩猩灭绝之前用来进行预测的信息将可以在灭绝发生之后被用以解释同一事实。解释和预测在结构上是对称的。

尽管覆盖律模型很好地说明了许多现实的科学解释的结构，它仍然面临着许多棘手的反例。这些反例有两类。一方面，有一些真正的科学解释的情形并不符合覆盖律模型，即使近似符合也算不上。这些情形表明亨普尔的模型太严格了——它把一些**真正的**科学解释排除在外了。另一方面，有一些情形**确实**符合覆盖律模型，但是直观上并不算真正的科学解释。这些情形又表明亨普尔的模型太随意了——它纳入了本该被排除在外的情况。我们将把焦点集中在第二类反例上。

对称问题

假设你正躺在阳光明媚的沙滩上，注意到一根旗杆在沙地上投射了一个20米长的影子（参见图8）。

有人要求你解释为什么影子是20米长。这是一个寻求解释

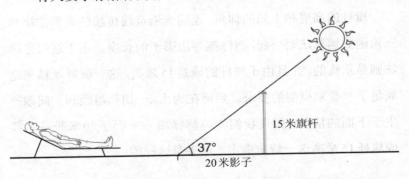

图8　当太阳在头顶37°仰角的位置时，一根15米长的旗杆在沙滩上投射出一个20米长的影子

的原因类问题。一个合理的答案也许是这样的："来自太阳的光射到了旗杆上，旗杆整整15米高。太阳的仰角是37°。由于光沿直线传播，简单的三角函数运算（tan 37°=15/20）表明旗杆会投下20米长的影子。"

这看起来像是一个非常好的科学解释。通过改写使之与亨普尔的格式相一致，我们可以看出它是符合覆盖律模型的：

普适定律　　　　　　光沿直线传播

三角函数运算法则

特定事实　　　　　　太阳的仰角是37°

旗杆15米高

=>

待解释的现象　　　　影子20米长

旗杆的高度和太阳的仰角，连同光沿直线传播的光学定律和三角函数运算法则一起，演绎推导出影子的长度。由于这些定律法则是正确的，并且由于旗杆的确是15米高，这一解释就精确地满足了亨普尔模型的要求。到现在为止，一切都很顺利。问题产生于下面的情况：假设我们将被解释项——影子20米长——换成旗杆15米高这一特定事实。结果是这样的：

普适定律　　　　　　光沿直线传播

三角函数运算法则

特定事实　　　　　太阳的仰角是37°

影子20米长

=>

待解释的现象　　　旗杆15米高

这一"解释"显然也符合覆盖律模型。旗杆投射影子的长度和太阳的仰角，连同光沿直线传播的光学定律和三角函数运算法则一起，演绎推导出旗杆的高度。但是，若把这看做是对于旗杆为什么是15米高的**解释**，似乎非常怪异。旗杆为何是15米高的真正解释，推测起来应该是木匠故意地把它做成这样——它和它投射的影子长度毫无关系。因此，亨普尔的模型太不严格：它把显然不是科学解释的情形也看做科学解释。

旗杆例子的一般寓意是，解释的概念显示了一种重要的不对称。在给定相关定律法则和附加事实的情况下，旗杆的高度为影子的长度提供了解释，但是并不存在反之亦然的情况。一般来说，在给定相关定律法则和附加事实的情况下，如果x为y提供了解释，则在给定同样定律法则和事实的情况下，y为x提供解释将不会是正确的。这有时也被说成：解释是一种不对称关系。亨普尔的覆盖律解释模型没有考虑这种不对称问题。因为，正如我们可以在给定定律和附加事实时，由旗杆的高度推出影子的长度，我们也可以由影子的长度推出旗杆的高度。换言之，覆盖律模型暗示着解释应该是一种对称关系,但事实上解释具有不对称性。因此,亨普尔的模型没有完全弄清什么才是科学解释。

对于亨普尔的解释和预测是同一硬币之两面的理论,影子和旗杆的案例也可以提供一个反例。原因很显然。假设你不知道旗杆有多高。如果有人告诉你它现在投下的影子是20米长、太阳在头上方37°的位置,在了解相关光学定律和三角函数运算法则的情况下,你将能够**预测**出旗杆的高度。但是正如我们刚刚看到的,这一信息显然并没有**解释**旗杆为什么是那个高度。所以,在这一例子中预测和解释分道扬镳了。为我们未知的事实提供预测的信息并不能在我们知道之后用于解释同一个事实,这是亨普尔理论的吊诡之处。

不相关性问题

假设一个小孩在一家医院一个挤满孕妇的房间里。小孩注意到房间里有一个人——一个名叫约翰的男性——没有怀孕,就问医生为什么。医生回答说:"约翰在过去的几年中一直有规律地服用避孕药。有规律地服用避孕药的人永远不会怀孕。因此,约翰没有怀孕。"为了讨论的需要,我们假设医生说的话是正确的——约翰有精神病并且确实服用了避孕药,他认为避孕药对他有益。即使这样,医生给小孩的答复也显然没有什么益处。很显然,约翰不怀孕的正确解释在于他是一名男性,而男性是不可能怀孕的。

但是,医生给予小孩的解释完全符合覆盖律模型。医生是从服用避孕药的人不会怀孕这一普适定律以及约翰一直在吃避孕药这一特定事实演绎推导出待解释的现象——约翰没有怀孕。由于普适定律和特定事实两者都是正确的，并且由于它们的确能保证推出被解释项，按照覆盖律模型，医生对于约翰为什么没有怀孕给出了一个相当充分的解释。但是，事实上他当然没有给出。所以覆盖律模型又是过于宽泛了：它把直观上并非科学解释的解释也作为科学解释接纳了进来。

这里总体的原则是，关于一个现象的良好解释应该包含与现象的发生**相关**的信息。这就是医生给孩子的回答出错的地方。尽管医生告诉小孩的话完全正确，约翰一直在服用避孕药的事实却与他没有怀孕的现象毫不相关，因为即使没有服用避孕药他也不会怀孕。这就是医生的回答算不上一个好答复的原因。亨普尔的模型并没有考虑到我们的解释概念的这一关键特征。

解释和因果性

由于覆盖律模型遇到了如此多的问题，寻找理解科学解释的替代路径就很自然了。有些哲学家认为问题的关键在于因果性这一概念。这是一个相当吸引人的主张，因为在多数情况下，解释一个现象事实上就是在解释是什么导致了它的产生。例如，一位事故调查者正在试图解释一起飞机坠毁事故，他正在寻找的显然是坠毁的原因。的确，"飞机为什么坠落"和"什么是飞机坠毁的原因"这两个问题实际上意思相同。同样，如果一个生态学家正在试图解释热带雨林地区的生物多样性为何不如过去，他显然正在寻找生物多样性降低的原因。解释和因果性这两个概念之间的联系相当紧密。

受这一联系的影响，许多哲学家已经放弃了对解释的覆盖律阐释而转向基于因果性的阐释。尽管内容有所变化，但这些解释背后的基本思想都是：解释一个现象无非就在于指出是什么导致了它的产生。在某些情况下，覆盖律和因果性阐释方式之间的差别实际上并不太大，因为从一个普适定律演绎推导出一个现象的发生常常就是给出它的原因。例如，再回顾一下牛顿对于行星轨道为什么是椭圆形的解释。我们看到，这种解释是符合覆盖律模型的——牛顿从他的引力定律，再加上一些附加事实，推导出了行星轨道的形状。然而牛顿的解释也是一种因果方式，因为椭圆形的行星轨道是由太阳和行星之间的引力作用导致的。

但是，覆盖律和因果性阐释并非完全等同——在某些情况下它们是有分歧的。事实上，许多哲学家之所以倾向于解释的因果性阐释，正因为相信它可以避免覆盖律模型面临的一些问题。回顾一下旗杆的问题。为什么直觉告诉我们，在给定定律的情况下，旗杆高度为影子的长度提供了解释，但是不能反之亦然？可信的回答是，因为旗杆的高度是导致影子20米长的原因，而20米长的影子却不是导致旗杆15米高的原因。所以，与覆盖律模型不同，解释的因果性阐释方式在旗杆案例中给出了"恰当的"解答——它考虑到了我们的直觉，即不能通过指出旗杆投射影子的长度来解释旗杆的高度。

旗杆问题的一般结论是，覆盖律模型不能体现解释是一种不对称关系这个事实。而因果性显然也是一个不对称关系：x是y的原因，y却并不是x的原因。例如，如果电路短路导致了火灾，显然火灾不会是导致短路的原因。因此，提出解释的不对称性来源于因果关系的不对称性似乎相当合情合理。如果解释一个现象就是去说出导致它产生的原因，那么，由于因果性是不对称的，我们就该预料到解释也具有不对称性——事实正是如此。覆盖律模型之与旗杆问题相冲突，正在于它试图在因果性之外分析科学解释的概念。

避孕药的例子也同样如此。约翰服用避孕药并没有解释他为什么没有怀孕，因为避孕药并不是导致他不怀孕的原因。实际上，约翰的性别才是他不怀孕的原因。正缘于此，我们认为"约翰为什么没有怀孕？"的正确答案是"因为他是一个男人，男人是不可能怀孕的"，而不是医生提供的答案。医生的答案满足了覆盖律模型，但是，由于没有正确指出我们希望解释的现象产生的原因，它不构成一个真正的解释。我们从避孕药的例子中得到的一般结论是，一个真正的科学解释必定包含与被解释项相关的信息。实际上也就是说，解释应该告诉我们被解释项产生的原因。基于因果性阐释的科学解释与不相关性问题并不冲突。

亨普尔没有考虑到因果性与解释之间的密切联系，这一点很容易遭到人们的批评，并且许多人已经提出了批评。在某些方面，这种批评有失公允。亨普尔继承了被称为**经验论**的哲学纲领，而经验论者在传统上非常怀疑因果性这个概念。经验论认为我们所有的知识都来源于经验。我们在上一章提到过的大卫·休谟就是一位重要的经验论者,他认为因果联系不可能被经验到。他由此宣称因果联系是不存在的——它们只是我们想象中的虚构之物!这是一个让人很难接受的结论。摔玻璃花瓶使它们破碎确实是一个客观事实吗?休谟认为不是。他承认,大多数玻璃花瓶在摔落之后发生破碎是一个客观事实,但我们关于因果性的观念包含的内容要比这更多。它包括在摔和破碎之间的一个因果联系的观念,即前者导致了后者。按照休谟的观点,在世界上是找不到这种联系的:一个花瓶被摔,随后它破碎了,这就是我们看到的全部。我们并没有在第一个事实和第二个事实之间经验到任何因果联系的存在。因果性因此是一个虚构之物。

　　大多数的经验论者并没有完全接受这一令人惊讶的结论。但是由于休谟的主张,他们已经倾向于把因果性看做一个需要谨慎对待的概念。因此对于一个经验论者来说,使用因果性概念来分析解释这一概念似乎有违常理。如果一个人的目标是像亨普尔那样去澄清科学解释的概念,那么使用本身就需要澄清的概念来进行分析就没有什么意义。对于经验论者来说,因果性的确需要在哲学上加以澄清。因此,覆盖律模型没有关注因果性并不仅仅是亨普尔的疏忽。最近几年,经验论的受欢迎度在某种程度上已经降低了。另外,许多哲学家已经得出结论,认为因果性概念尽管在哲学上存在问题,但对于我们了解世界仍然不可缺少。因此,科学解释基于因果性阐释这一观点似乎比它在亨普尔时代更为人所接受。

对于解释基于因果性所作的阐释确实很好地抓住了许多实际科学解释的结构，但是仅止于此吗？许多哲学家认为不是这样的，理由在于某些科学解释似乎并不具有因果性。一类例子来自科学中所谓的"理论同一"。理论同一把一个概念等同于通常位于不同科学领域的其他概念。"水是 H_2O" 就是一个例子，"温度是分子的平均动能"也是。在这两个例子中，一个熟悉的日常概念与一个比较深奥的科学概念是等同或者同一的。通常，理论同一为我们提供了类似于科学解释的东西。当化学家发现水是 H_2O 的时候，他们也就解释了水是什么。同样，当物理学家发现一个物体的温度是它分子的平均动能的时候，他们也就解释了温度是什么。而这两个解释都不是因果性的。由 H_2O 组成并不**导致**一种物质成为水——它仅仅**是**水。拥有特定的分子平均动能并不**导致**液体具有它本身的温度——它仅仅是拥有那样的温度。如果这样的例子被接受为合理的科学解释，它们就表明，基于因果性阐释的解释并不能代表全部解释。

科学能解释一切吗？

现代科学能够解释我们所居住世界的大量事实。但是也有许多事实还没有得到科学解释，或者至少解释得并不全面。生命的起源就是这样的一个例子。我们知道大约40亿年前，在原始汤之中出现了能够进行自我复制的分子，生命进化就从那里开始。但是，我们却不知道这些自我复制的分子最初是如何产生的。另一个例子是孤僻儿童往往具有非常好的记忆力这一现象。对于孤僻儿童的许多研究已经证实了这一点，但是至今还没有任何人成功地作出解释。

许多人相信，最终科学将能够解释这类事实。这似乎是一个相当合理的观点。分子生物学家们正致力于研究生命起源，只有悲观主义者才会说他们永远不会解决这一问题。诚然，问题并不简单，特别是，我们想要了解的是40亿年前地球上的环境条件。但即便如此，我们也没有理由认为生命的起源将永远无法解释。孤僻儿童的超强记忆力的例子也是这样。记忆力科学的研究仍处于初期，关于孤僻症的神经学基础仍有大量问题有待发现。显然我们不能保证这些问题最终一定可以得到解释。但是鉴于现代科学已经提出了大量成功的解释，认为今天许多有待解释的事实最终也能得到解释，必定是一个明智的判断。

但是这意味着原则上科学能够解释一切吗？或者说存在着某些一定永远能避开科学解释的现象吗？这不是一个容易回答的问题。一方面，断言科学能够解释一切似乎过于自负。另一方面，断言某个特定现象永远不能被科学地解释又似乎过于目光短浅。科学的发展和变化太迅速，从今天科学的观点来看，似乎完全无法解释的现象，也许在明天就很容易解释了。

按照某些哲学家的观点，科学之所以永远不能解释一切，这有着纯逻辑学上的原因。为了解释某件事，无论它是什么，我们需要援用其他的事情。但是为第二件事提供解释的是什么呢？为了说明的需要，我们来回顾一下牛顿使用引力定律解释不同领域现象的例子。引力定律自身如何得到解释呢？如果有人问为

什么所有的物体彼此都会产生引力作用，我们将如何作答？牛顿没有回答这一问题。在牛顿的科学中引力定律是一个基本原则：它解释其他事物，但自身无法得到解释。这一点给出的启示具有普遍意义。无论未来的科学能够解释多少事情，它给予的解释将不得不利用特定的基本定律和原则。任何事情都不能解释其本身，因此至少这些定律和原则中的一部分其自身无法获得解释。

无论怎样看待这种论证，无疑它都非常抽象。它意味着指出有些事情永远不能被解释，但并没有告诉我们它们是什么。然而，有些哲学家对于在他们看来科学永远不能解释的现象提出了具体的看法。其中一个例子就是意识——人类和其他高等动物这类会思考、能感知的生物所具有的典型特征。许多对意识之本质的研究已经并正在陆续由脑科学家、心理学家以及其他学者推进。但是近来许多哲学家认为，无论这种研究探索到了什么，它将永远无法全面解释意识的本质。他们坚称，意识现象存在着固有的神秘，它们是再多的科学探索也不能去除的。

这种观点的根据是什么呢？基本的理由是：意识经验与世界上的其他任何事物都有根本的不同，它们有一个"主观层面"。例如，思考一下观看恐怖电影的经验。这是一种带有特殊"感受"的经验；在现代的术语中，拥有这种经验"似是而非"。也许有一天，神经科学家能够对使我们产生恐惧感的复杂大脑活动给出一个详细的解释。但是，这将会解释为什么看恐怖电影就会产生这种感受，而不是其他某种感受吗？许多人认为不会。按照这种观点，对大脑的科学研究最多可以告诉我们哪些脑部程序是与哪些意识经验相联系的。这的确是使人感兴趣并有价值的信息。但是,它并没有告诉我们**为什么**带有特殊主观"感受"的经验由大脑的纯生理行为引发。因此,意识,或者至少它的一个重要方面,在科学上是无法解释清楚的。

尽管相当引人注目,这种论点还是非常有争议,并且不是所有的哲学家都认可,更不用说所有的神经科学家了。的确,1991年出版的哲学家丹尼尔·丹尼特的一本闻名于世的著作就富有挑战性地冠名为《意识的解释》。支持意识在科学上无法解释这一观点的人有时就被斥为缺乏想象力。即使当今的大脑科学不能解释意识经验的主观层面,难道我们就不能想象出现另一种完全不同的大脑科学,它拥有完全不同的解释工具,**的确**可以解释为什么我们的经验感受如此表现?一种源于哲学家的悠久传统试图告诉科学家,什么是可能的以及什么是不可能的,而后来科学的发展经常证明哲学家是错的。是否同样的命运也在等待着那些认为意识必定无法接受科学解释的人,我们将拭目以待。

解释和还原

不同的科学学科是为了解释不同种类的现象被划分出来的。解释橡胶为什么不导电是物理学的任务,解释乌龟为何有如此之长的寿命是生物学的任务,解释较高的利率为什么可以削弱通货膨胀是经济学的任务,等等。总之,在不同学科之间有一个分工:每一科都致力于解释本领域的特定现象。这就解释了为什么学科之间通常不是互相竞争的关系——例如,为什么生物学家并不担心物理学家和经济学家会侵占他们的地盘。

尽管如此，人们却普遍认为科学的不同分支在地位上并不同等：有些分支要比其他分支更为根本。物理学通常被看做所有科学中最为根本的。为什么呢？因为其他学科所研究的对象最终都是由物理微粒构成的。以生物体为例。生物体是由细胞构成的，细胞本身是由水、核酸（如DNA）、蛋白质、糖、脂类（脂肪）组成的，所有这些都是由分子或长分子链结合在一起构成的。而分子是由原子构成的，原子是物理学上的粒子。所以，生物学研究的对象最终就是非常复杂的物理学实体。同样的情况也适用于其他科学，甚至社会科学。以经济学为例。经济学研究的是市场上企业和消费者的行为，以及这种行为的后果。然而消费者都是人并且企业也是由人组成的；人是生物体，因此也是物理学实体。

这是否意味着物理学原则上能够包含所有更高层次的科学？既然一切都是由物理学微粒构成的，如果我们有一门完整的物理学，它可以让我们精确地预测宇宙中每一个物理微粒的行为，那么其他所有的科学就一定会变得多余吗？大多数哲学家都反对这种思路。毕竟，认为物理学有朝一日也许能够解释生物学和经济学所解释的事情，这似乎过于不切实际。直接从物理学规律推导出生物学和经济学规律的前景似乎太黯淡。无论未来的物理学有何进展，似乎都不可能预测经济的低迷。诸如生物学和经济学这样的科学非但不能被还原为物理学，而且似乎在很大程度上独立于它。

这导致了一个哲学上的难题。一门科学所研究的实体最终是属于物理学的，怎么它会**无法**还原为物理学呢？即使承认高阶的科学事实上独立于物理学，这种独立又是如何可能的呢？按照一些哲学家的观点，问题的答案在于高阶科学研究的对象在物理学层面上是"被多重实现的"。为了解释多重实现的思想，我们不妨设想一个烟灰缸的集合。每一个个别的烟灰缸显然都是一个物理学实体，像宇宙中其他的每一个物体一样。但是烟灰缸的物理学组成却大不相同——有些也许是由玻璃做的，另一些也许是用铝做的，还有一些可能是塑料做的，等等。它们的尺寸、形状和重量可能也是不同的。烟灰缸可能具有的物理学属性在范围上实际上没有限制。因此不可能用纯物理学方式来定义"烟灰缸"这一概念。我们不可能找到一个正确的表达方式，即"x是一个烟灰缸，当且仅当x是……"（省略处由一个取自物理学语言的表达来填充）。这就意味着烟灰缸在物理学层面上是被多重实现的。

哲学家经常援引多重实现来解释为什么心理学不能被还原为物理学或化学，而在原则上这一解释适用于任何高阶的科学。例如，我们来考察一下神经细胞比皮肤细胞寿命更长的生物学事实。细胞是物理实体，所以有人可能认为这一事实有一天会被物理学所解释。但是，细胞在微观物理学层面几乎肯定是被多重实现的。细胞虽然最终由原子构成，但是原子的精确排列在不同细胞中却会大不相同。所以，细胞的概念不可能用源自基础物理学的表达来定义。不存在这样的正确表达方式，即"x是细胞，当且仅当x是……"（省略处由一个取自微观物理学语言的表达来填充）。如果这是正确的，就将意味着基础物理学永远不能解释为什么神经细胞比皮肤细胞寿命更长的问题，或者说事实上不能解释其他任何关于细胞的事实。细胞生物学词汇与物理学词汇并不能够以我们要求的方式一一对应。我们因此拥有了一个关于细胞生物学为什么不能还原为物理学的解释，尽管细胞是物理实体。并不是所有的哲学家都喜欢多重实现理论，但是该理论的确能够提供一种独立于高阶科学的巧妙的解释，从物理学方面和相互关系方面来说都是如此。

第四章

实在论与反实在论

在哲学上被称为**实在论**和**观念论**的两种对立的思想流派之间一直存在着亘古的争论。实在论认为物理世界是独立于人的思维和感知而存在的。观念论否认这一点，认为物理世界以某种方式依赖于人的意识活动。对大多数人来说，实在论看似比观念论更为合理，因为实在论很好地契合了人们的常识看法，这种看法认为关于世界的事实是"在那里"等待着我们去发现的，而观念论却不以为然。的确，乍一看观念论好像相当可笑：既然人类消亡之后石头和树木大概仍将继续存在，在什么意义上能说它们的存在依赖于人的心智呢？事实上，实在论和观念论的争论要比这复杂得多，今天的哲学家们仍在继续讨论着。

传统的实在论/观念论论题属于一种被称为形而上学的哲学领域，但实际上这一论题和科学之间并没有任何特别的关系。本章我们所关注的是一种更为现代的争论，它与科学特别相关并且在某些方面类似于传统的论题。这一争论发生在一种被称为**科学实在论**的立场及其对立面**反实在论**或**工具论**的立场之间。从现在开始，我们将使用"实在论"一词指称科学实在论，用"实在论者"指称科学实在论者。

科学实在论与反实在论

像大多数哲学"主义"一样，科学实在论①是以不同的版本出现的，我们很难用一种完全精确的方法对其加以定义。但其基本观点却是显明的。实在论者认为科学的目的就在于为世界提供一种正确描述。这听起来像是一种无关紧要的学说，因为当然没有人会认为科学意在提出一种关于世界的错误描述。但是，这却不是反实在论者所思考的。相反，反实在论者认为科学的目的在于对世界的某个特定的**部分**——"可观察"的部分——提供一种正确描述。至于世界"不可观察"的部分，按照反实在论者的观点，科学所描述的是真是假都无关紧要。

对于世界的可观察部分，反实在论者确切指称的是什么呢？他们指称由桌子和椅子、树木和动物、试管和本生灯、雷雨和下雪等组成的日常世界，诸如此类的事物都是可以被人们直接感知的——这也就是我们称之为可观察的意思。科学的一些分支就是专门处理可观察对象的。古生物学，或者说对化石的研究，就是一个例子。化石是容易观察到的——任何具有正常视力的人都能够看到它们。但是，其他的一些科学分支却是探究不可观察的实在领域的，物理学就是一个明显的例子。物理学家们不断提出关于原子、电子、夸克、轻子以及其他奇异粒子的理论，所有这些粒子在常规世界中都不能被观察到。这种类型的实体已经超

---

① "实在论"原文realism，"主义"原文ism。——编注

出了人类观察能力的可及范围。

关于古生物学之类的科学，实在论和反实在论之间并没有意见分歧。就化石的研究而言，因为化石是可观察的，实在论者关于科学意在真实地描述世界的论题和反实在论者关于科学意在真实地描述可观察世界的论题显然是一致的。但是涉及物理学一类的科学时，实在论和反实在论就出现了分歧。实在论者认为，当物理学家提出关于电子和夸克的理论时，他们是在试图提供对于亚原子世界的真实描述，就像古生物学家试图提供对于化石世界的真实描述一样。反实在论者不同意这种观点，他们在亚原子物理学和古生物学理论之间看到了一种根本的区别。

当反实在论者们谈论不可观察的实体时，他们会认为物理学家**正在**研究什么呢？通常，他们会认为这些实体仅仅是顺手虚构的，是物理学家们为了预测可观察的现象而提出的。例如，来看一下气体动力学理论，这一理论认为任何体积的气体都包含了大量处于运动中的微小实体。这些实体——分子——是不可观察的。通过动力学理论，我们能够推知关于气体可观察行为的各种结论。例如，如果气压保持不变，加热标本气体就会导致气体膨胀，这一点可以通过实验证实。按照反实在论者的观点，在气体动力学理论中假定不可观察实体的唯一目的就是推出这类结论。气体是否**的确**包含了运动的分子，这一点并不重要；动力学理论的要义不在于真实描述隐藏的事实，而在于提供一种预测观察数据的方便途径。我们可以看出为什么反实在论有时被称为"工具论"——它认为科学理论是有助于我们预测观察数据的工具，而不是描述实在之潜在本质的努力。

由于实在论/反实在论的争论涉及科学的目标，人们可能会认为这一争论仅仅靠询问科学家本人就可以得到解决。为什么不在科学家当中做一个民意测验问问他们自己的目标呢？然而这一建议并未切中要义——它过于从字面来理解"科学的目标"一词。当我们问什么是科学的目标时，并不是要问各个科学家的目标。确切地说，我们是要问如何最好地弄清科学家所说的和所做的——如何解释科学事业。实在论者认为我们应该将所有的科学理论解释为对实在的尝试性描述；反实在论者认为这一解释对于谈论不可观察的实体和过程的理论来说是不恰当的。揭示出科学家们自己对实在论/反实在论之争的看法肯定是一件有趣的事，然而，这一问题终究还是一个哲学问题。

反实在论的许多动机都来源于如下信念：我们实际上不能获得关于实在的不可观察部分的知识——这种知识超出了人类的知识视域。按照这一观点，科学知识的界限是由我们的观察能力设定的。所以，科学能够给予我们关于化石、树木、冰糖的知识，但是不能给予我们关于原子、电子和夸克的知识——后者都是不可观察的。这一观点并非完全不合情理。没有人会真正怀疑化石和树木的存在，却可能去怀疑原子和电子的存在。正如我们在本书最后一章将要看到的，19世纪后期的许多重要科学家都怀疑原子的存在。如果科学知识限于可被观察的范围内，那么所有接受这一观点的人，显然都必须解释**为什么**科学家会提出关于不可观察的实体的理论。反实在论者给出的解释是，这些理论都是顺手虚构的，是为了预测事物在可观察世界中的表现而提出的。

实在论者不认为科学知识受限于我们的观察能力。相反，他们认为我们已经切实了解了不可观察的实在，因为存在着种种理由认为我们最好的科学理论都是正确的，而最好的科学理论都在探讨不可观察的实体。例如，来看一下物质的原子论，这一理论声称所有的物质都是由原子构成的。原子论能够解释有关世界的大量事实。按照实在论者的说法，这是表明这一理论正确的很好的证据，也就是说，物质的确是由如这一理论所描述的以某种方式表现的原子构成的。尽管存在着支持该理论的明显证据，该理论当然**可能**仍是错误的，但所有的理论都可能是这样。仅仅因为原子不可观察，还没有理由不将原子论解释成一种对实在的尝试性描述——多半是一种成功的描述。

严格来说我们应该区分两种反实在论。根据第一种反实在论，根本不能从字面上去理解对不可观察实体的讨论。因此，（例如）当一位科学家提出一种关于电子的理论时，我们不应该认为他是在宣称被称为"电子"的那种实体的存在。相反，他谈论电子是比喻性的。这种反实在论在20世纪上半叶非常流行，但是现在已经很少有人提倡了。它主要是受到语言哲学中的一种学说的推动。按照这种学说，对原则上不可观察的事物作出有意义的断言是不可能的——当代很少有哲学家还接受这一学说。第二种形式的反实在论承认，关于不可观察的实体的探讨应该从字面来理解：如果一个理论认为电子带负电荷，当电子存在并且带负电荷时这一理论为真，反之为假。但是反实在论者声称，我们将不会知道到底是哪一种情形。因此，对待科学家关于不可观察的实在所提出的主张，正确的态度应该是一种彻底的不可知论。这些主张要么正确要么错误，但是我们不能辨别其正误。现代的大多数反实在论都属于第二种形式。

"无奇迹"说

许多假设不可观察实体存在的理论**在经验上是成功的**——它们对可观察世界中物体的表现作出了准确的预测。上面提到的气体动力学理论就是一个例子，还有许多这样的例子。此外，这类理论通常还具有重要的技术用途。例如，激光技术所依据理论的基础，就与一个原子中的电子从高能状态转变为低能状态过程中发生的情况相关。激光技术不断发挥作用——使我们能够矫正视力、用导弹袭击敌人，以及做其他很多事。因此奠定激光技术之基础的理论在经验上是高度成功的。

假设不可观察实体存在的那些理论在经验上的成功，是支持科学实在论的一种最有力的论点，被称为"无奇迹"说。按照这种说法，如果一个探讨电子和原子的理论精确预测了可观察的世界，那么，除非实际上电子和原子真的存在，否则这一理论就将是一种罕见的巧合。如果不存在原子和电子，怎么解释理论与观察数据的紧密相符？类似地，除非假设相关理论是正确的，我们又该怎样去解释理论推动了技术的进步？如果正如反实在论者所言，原子和电子仅仅是"顺手虚构的"，为什么激光能有效地发挥作用？按照这一观点，成为一个反实在论者就等于相信奇迹。既然在存在非奇迹的替代情形时显然最好不要相信奇迹，我们就应该成为实在论者而不是反实在论者。

"无奇迹"说并不是想**证明**实在论是正确的而反实在论是错误的。确切地说，它是一个合理性论点——一种最佳解释推论。待解释的现象是这样一种事实，即许多假设不可观察实体存在的理论在经验上高度成功。"无奇迹"说的倡导者们声称，对于这一事实的最佳解释就是这些理论是正确的——相关的实体的确存在，正如理论所说的那样以某种方式表现出来。除非接受这种解释，否则我们的理论在经验上的成功就仍是一个无法解释的谜团。

反实在论者用不同的方式回应"无奇迹"说。其中一种回应诉诸关于科学史的某些事实。在历史上有许多理论，我们现在认为那些理论是错误的，而在当时它们在经验上却相当成功。在一篇著名的文章中，美国科学哲学家拉里·劳丹从不同科学门类和科学时期中抽取、列举了不下30种这类理论。燃烧的燃素说就是一个例子。这一理论直到18世纪末还广泛流行，它主张任何物体燃烧时都会释放一种叫做"燃素"的物质进入空气中。现代化学告诉我们这一理论是错误的：不存在类似燃素的物质。相反，燃烧发生于物体在空气中与氧气发生化学反应时。尽管燃素是不存在的，燃素说在经验上却相当成功：它非常恰当地符合当时能获取的观察数据。

这类例子表明，支持科学实在论的"无奇迹"说有些操之过急。"无奇迹"说的支持者们将当今科学理论的经验性成功看做是证明了这些理论的正确性。但是科学史表明，在经验上成功的理论通常被证明是错误的。所以我们如何知道同样的命运不会降临到今天的理论上？例如，我们如何知道物质的原子论不会和燃素说一样？反实在论者声称，一旦对科学史投入应有的关注，我们就能看到从经验性成功到理论正确性的推导是不可靠的。因此，对待原子论的理性态度应是一种不可知论——它可能正确，也可能不正确。反实在论者说，我们反正无从得知。

这是对"无奇迹"说的一个强有力的反击，但不是决定性的一击。一些实在论者通过稍微修正这一说法来加以回应。按照改进后的说法，一种理论的经验性成功证明的是：理论就不可观察的世界所述的内容是近似为真，而不是准确地为真。这一弱化的陈述更容易抵御来自科学史上反例的攻击。同时它也更为温和：它允许实在论者承认今天的理论在某个细枝末节上可能不正确，但仍坚称今天的理论大致是正确的。另一种修正"无奇迹"说的方法是改进经验成功这一概念。一些实在论者认为，经验成功不仅仅是与已知的观察数据相符的问题，它还能使我们去预测新的尚属未知的观察数据。与经验成功的这一更严格的标准相比较，找出在经验上成功、后来却被证实为错误的史例就更不容易了。

尚不确定这些改进能否真的挽救"无奇迹"说。它们当然减少了历史上的反例数量，却没有完全消除。仍旧存在的一个反例是1690年首次由克里斯蒂安·惠更斯提出的光的波动理论。按照这一理论，光是由"以太"这种不可见的介质中的波状振动构成的，而以太被认为充满着整个宇宙。（波动说的竞争理论是牛顿支持的光的粒子说，微粒说坚持光是由光源放出的极小粒子构成的。）直到法国物理学家奥古斯丁·菲涅耳在1815年用公式表示了光的波动理论的数学形式，并将其用以预测一些令人惊奇的新光学现象，这一理论才被广为接受。光学实验证实了菲涅耳的预测，并且使许多19世纪的科学家相信光的波动理论是正确的。然而，现代物理学又告诉我们这一理论并不正确：并不存在类似以太这样的物质，所以光并不是由以太中的振动构成。我们再次碰到一个错误的但在经验上成功的理论。

这一例子的重要特征是，即使是改进后的"无奇迹"说，同样可以被推翻。菲涅耳的理论**的确**作出了新颖的预测，所以即使就经验成功的更为严格的标准来说，它也有资格被认为是经验上成功的。而且很难理解，既然菲涅耳的理论建基于并不存在的以太概念之上，它如何能被称做"近似为真"。无论声称一个理论近似为真的确切所指是什么，一个必然条件一定是这一理论所谈论的实体的确存在着。简言之，即使按照一种严格的对经验成功概念的理解，菲涅耳的理论在经验上也是成功的，却不是近似为真的。反实在论者说，这一例子的寓意是我们不应该仅仅因为现代科学理论在经验上如此成功就假设它们大致正确。

因而，"无奇迹"说对于科学实在论来说是否是一个好的论点，这一点尚不确定。一方面，正如我们看到的，这一论点面临着相当严肃的反对意见。另一方面，关于这一论点也存在着一些在直觉上引人注目的东西。当人们考虑到那些假设了原子、电子等实体存在的理论令人惊异的成功时，就很难接受原子和电子不存在。但是正如科学史所表明的，无论当今的科学理论如何与观察数据相符，我们都应该对认为这类理论正确的假设持谨慎态度。过去许多人都作过上述假设，却被证明是错误的。

可观察/不可观察的区分

实在论和反实在论之争的核心是可观察事物和不可观察事物之间的区分。到目前为止，我们只是认为这一区分是当然的——桌子和椅子是可观察的，而原子和电子是不可观察的。然而，这种区分在哲学上其实是有问题的。事实上，科学实在论的一种主要观点认为，以一种原则性的方式在可观察/不可观察之间作出区分是不可能的。

为什么这一观点出自科学实在论？因为反实在论的一致性主要依赖于可观察和不可观察之间的明显区别。回想一下：反实在论者倡导对科学主张持不同的态度，视这些科学主张是关于实在的可观察部分还是不可观察部分而定——我们仍应对后者而非前者的正确性持不可知论的态度。反实在论由此预设我们能够将科学主张分为两类：关于可观察实体、过程的科学和关于不可观察实体、过程的科学。如果事实是不能用必要的方式作出这种分类，反实在论显然会陷入严重的困境之中，实在论不战而胜。为什么科学实在论者通常热衷于强调与可观察/不可观察区分相关的问题？原因就在这里。

这类问题中有一个涉及观察和检测之间的关系。类似于电子这样的实体显然在常规意义上是不可观察的，但是它们的存在可以通过被称为粒子检测器的特殊仪器来检测到。最简单的粒子检测器是云室，它由一个充满着空气和饱和蒸汽的密闭容器构成（参见图9）。当带电粒子（如电子）穿过云室时，它们就会与空气中的中子相碰撞，将中子转化为离子；蒸汽在这些可以导致液滴形成的离子周围凝结，这一切可以通过肉眼看到。我们可以通过观察这些液滴的轨迹来追踪电子在云室中的路径。这是否意味着电子终究能被观察到？大多数哲学家会说不：云室能使我们检测到电子，但不是直接观察到它们。这就如同，高速喷气式飞机可以通过其蒸汽留下的轨迹被检测到，但观察到轨迹并不等于观察到飞机本身。然而，观察和检测之间的区分通常很明显吗？如果不是，反实在论者的立场就陷入困境之中。

在20世纪60年代对科学实在论的一个著名辩护中，美国哲学家格罗弗·马克斯韦尔针对反实在论者提出以下问题。考虑一下下述事件的顺序：用肉眼看某些东西，透过窗子看某些东西，借助高度数眼镜看某些东西，借助双筒望远镜看某些东西，借助低倍显微镜看某些东西，借助高倍显微镜看某些东西，等等。马克斯韦尔认为，这些事件取决于一个平稳的连续体。那么，我们如何来决定哪些行为是观察，哪些不是？生物学家能够借助高倍显微镜来观察微生物吗？或者说，他只能用与物理学家在云室中检测电子存在一样的方法来检测微生物的存在吗？如果某些东西仅仅在借助精密科学仪器的情况下才能被看到，它们应被视为

图9　第一组照片中的一张显示了亚原子粒子在云室中的轨迹。1911
年，英国物理学家、云室的发明者C.T.R.威尔森在剑桥的卡文迪什实
验室拍下这张照片。嵌入在云室中的金属舌片顶部的少量镭放射的
α粒子产生了这一轨迹。带电荷的粒子在云室中沿着蒸汽移动，使
气体电离；水滴凝结在离子上，从而产生粒子所经过的液滴的轨迹

可观察的还是不可观察的？在我们拥有检测的例子而不是观察的例子之前，仪器制造能达到何种精密程度呢？马克斯韦尔认为，没有一种原则性的方法来回答这些问题，所以反实在论者将实体分为可观察的和不可观察的这种尝试注定要失败。

马克斯韦尔的论证得到如下事实的支持：科学家们自己有时借助于精密的仪器来谈论"观察"粒子。在哲学文献中，电子通常被认为是不可观察实体的范例，但是通过粒子检测器来"观察"电子却常常为科学家们所津津乐道。当然，这一点并不能证明哲学家们错了以及电子终究是可观察的，因为科学家的谈论可能最好被理解为"说说罢了"（facon-de-parler）。类似地，正如我们在第二章中看到的，科学家谈论一种理论有"实验证据"也不意味着实验就真的能证明该理论是正确的。然而，如果正如反实在论者所言，真的存在着一种哲学上重要的可观察/不可观察的区分，很奇怪它竟与科学家自身说话的方式如此背离。

马克斯韦尔的论证是有力的，但绝不是完全决定性的。当代一位重要的反实在论者范·弗拉森认为，马克斯韦尔的观点仅仅表明"可观察的"是一个模糊概念。模糊概念是指它有处于边界线上的情形——不能清晰地归入或不归入其中的情形。"秃子"就是一个明显的例子。因为掉头发是渐渐发生的，很难说许多人到底是不是秃子。但是范·弗拉森却指出，模糊概念完全可用，并且能够标示世界上的真正差别。（实际上，大多数概念至少在某种程度上都是模糊的。）没有人会仅仅因为"秃子"这个词是模糊的，就坚持认为秃子和有头发的人之间的区别是非实在的或不重要的。可以肯定的是，如果我们试图在秃子和有头发的人之间画出一条明显的边界线，这种边界线会有任意的成分。但是，因为存在着是秃子和不是秃子的清晰的例子，无法画出这种明显的边界线就是无关紧要的。尽管概念存在着模糊性，但它却可以很好地使用。

按照范·弗拉森的观点，同样的情况也完全适用于"可观察"。明显存在能观察到的实体的例子，例如椅子；也明显存在不能观察到的实体的例子，例如电子。马克斯韦尔的观点强调存在着处于边界线上的情形的事实，其中我们不能确定相关的实体是否能被观察到或仅能被检测到。所以，如果我们试图在可观察和不可观察的实体间画出明确的边界线，这一边界线就不可避免地会有些武断。但是正如秃子的例子一样，无论如何它并不表明可观察/不可观察的区分是不真实或不重要的，因为在可观察/不可观察两边都存在着清晰的例子。所以范·弗拉森认为，"可观察"一词的模糊性对于反实在论者来说并不是什么麻烦。它仅仅是对准确性设定了一个上限，反实在论者能借助这一上限来陈述立场。

这一观点有多少说服力？范·弗拉森认为边界情形的存在以及随之产生的无法客观地画出明显边界线的结果，并不能表明可观察/不可观察的区分是非实在的，这一观点当然是正确的。就这一点来说，范·弗拉森的观点成功反驳了马克斯韦尔。然而，表明在可观察和不可观察的实体间存在着真正的区分是一回事，表明这种区分能够担当反实在论者希望负载其上的哲学任务又是另一回事。回想一下反实在论者倡导对关于实在之不可观察部分的论述持完全不可知论的态度——他们说，我们无法知道这些论述是真还是假。即使我们承认范·弗拉森的观点是对的，即存在着关于不可观察实体的明显例子，并且这一观点也足以使反实在论者继续论证其立场，反实在论者仍然需要为如下想法提供理由：关于不可观察实在的认知是不可能的。

不充分论证说

有一种支持反实在论的观点主要关注科学家的观察数据与他们的理论主张之间的关系。反实在论者强调，科学理论所要符合的最终数据在特性上总是可观察的。（许多实在论者都会同意这一论断。）为了表明这一点，我们再来思考一下气体的动力学理论，它声称任何气体都是由处于运动中的分子构成的。因为这些分子都是不可观察的，显然我们不能通过直接观察各种气体样本来检验这一理论。相反，我们需要从理论中推导出一些能被检验的陈述，这些陈述总是关于可观察实体的。正如我们所见，动力学理论暗指如果气压保持不变，气体受热就会膨胀。通过在实验室里观察相关仪器的读数我们可以直接检验这一陈述（见图10）。这一例子解释了一个普遍的事实：观察数据构成了关于不可观察实体的论断的最终证据。

反实在论者于是认为观察数据"未充分论证"科学家们在此数据基础上提出的理论。这是什么意思呢？它意味着观察数据原则上能够由许多不同的、相互不兼容的理论加以解释。在动力

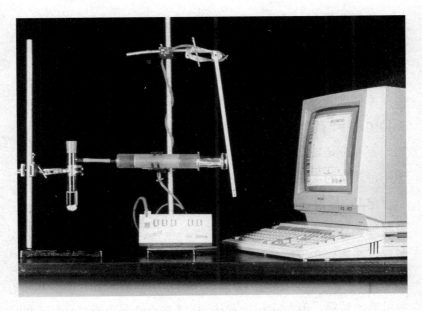

图10 测量气体体积随着温度改变而变化的膨胀仪

学理论的例子中反实在论将会声称,这种观察数据的**一种**可能的解释是,正如动力学理论所述的那样,气体包含着大量处于运动中的分子。但是他们也认为,还存在着其他可能的解释,这些解释与动力学理论相冲突。所以按照反实在论者的观点,假设存在着不可观察实体的科学理论是由观察数据不充分论证的——总是存在着大量同样能够很好地解释观察数据的竞争理论。

很容易就能理解,为什么不充分论证说支持反实在论的科学观。因为,如果理论总是由观察数据不充分论证的,我们如何能有理由相信某个特定的理论是正确的?假设一位科学家支持某种关于不可观察实体的既有理论,理由是这一理论能够解释大量观察数据。反实在论的科学哲学家走上前来，宣称观察数据实际上能被各种替代理论所解释。如果反实在论者是正确的，那么就将得出科学家对于其理论的信心放错了地方。因为什么原因科学家要选择她所选的理论，而不是选择另一种理论呢？在这样一种情形中，科学家真的应该承认她自己也不知道哪种理论正确吗？不充分论证自然导致反实在论的结论，即不可知论是面对关于不可观察的实在领域的主张时所应持的正确态度。

但是，是否真如反实在论者所断言的，一组特定的观察数据总是能被许多不同的理论加以解释？实在论者通常认为这一论断仅仅在琐碎和无趣的意义上才是正确的，借此来回应不充分论证说。从原则上说，对于某组特定的观察数据总是存在着不止一种可能的解释。但是实在论者认为，这并不能得出所有这些可能的解释都一样好。两个理论都能解释我们的观察数据并不意味着在它们之间就无法选择。比如，一种理论可能就比另一种更简单，或者它用一种在直觉上更合理的方式来解释数据，或者它可能假设了更少的隐性原因，等等。一旦我们承认，除了与观察数据的兼容性外还存在着别的理论选择的标准，不充分论证问题就会消失。并不是所有对观察数据的可能解释都是一样好的。即使动力学理论所解释的数据原则上能由其他替代理论来解释，也不能得出这些替代理论就能和动力学理论解释得一样好。

这种对不充分论证说的回应得到了以下事实的支持：科学史上很少有不充分论证的真实情形。如果正如反实在论者所言，观察数据总是能被许多不同的理论同样好地加以解释，我们就真的会看到科学家们处在永远的相互争论之中吗？这并不是我们见到的实际情形。事实上，当我们查看历史记载时，情况几乎和不充分论证说使我们期望的正好相反。科学家们远非面对大量对于其观察数据的可能解释，他们通常甚至难以找到**一种**与数据充分符合的理论。这就支持了实在论者的观点，即不充分论证说仅仅是一种哲学家的担忧，它与实际的科学实践没有多大关系。

反实在论者不可能受这一回应的影响。毕竟，哲学的担忧仍然是真实的担忧，即使它们的实践意义微乎其微。哲学可能改变不了世界，但是这并不意味着它不重要。而类似于简单性这样的标准能被直接用于对两个竞争理论的判定，这种看法直接引起了如下的棘手问题：为什么更简单的理论应该被认为更可能是正确的；我们在第二章中涉及了这一问题。反实在论者通常承认，在实践中，通过使用类似简单性的标准去辨别对观察数据的两个竞争性解释，不充分论证问题就能被消解。但是他们否认这类标准是正确性的可靠标志。更简单的理论操作起来可能更简便，但是它们不是本质上就比复杂的理论更站得住脚。所以不充分论证说坚持认为：对于观察数据总是存在着多种解释，我们无法知道哪种理论是正确的，所以关于不可观察实在的知识是不可能获得的。

然而，争论并没有到此结束；还有一种来自实在论者的更进一步的反驳。实在论者指责反实在论者选择性地运用不充分论证说。实在论者声称，如果这一说法是自始至终被运用的，它就不仅会取消不可观察世界的知识，还会取消大部分可观察世界的知识。为了理解实在论者为什么这么说，需要注意：许多可观察的事物实际上从来没被观察到过。例如，行星上绝大多数的生命体从来都不曾被人类观察到，这些生命体显然是可观察的。或者想想类似于巨大的陨星撞击地球这样的事件。没有人目击过这类事件，但是它们显然也是可观察的。它正好在没有人存在的那个地点和那个时间发生。在可观察的事物中，只有一小部分事实上被观察到。

关键之处正在于此。反实在论者宣称，实在的不可观察部分超出了科学知识的界限。所以他们承认，我们能够拥有关于可观察的但**尚未**观察到的物体和事件的知识。但是，关于尚未观察到的物体和事件的理论与关于不可观察物体和事件的理论一样，都是被我们的观察数据不充分论证的。例如，假设一位科学家提出如下假说：一陨星在1987年撞击月球。他列举了各种观察数据来支持该假说，比如，月球的卫星照片显示了一个在1987年前不存在的大坑。然而，这一观察数据原则上能由许多替代假说来解释——可能是一次火山爆发造成了大坑，或是一次地震。也可能拍下卫星照片的照相机出了毛病，根本就不存在大坑。所以，科学家的假说是由观察数据不充分论证的，即使这一假说是关于一个完全可观察的事件——陨星撞击月球。实在论者声称，如果一以贯之地运用不充分论证说，我们就会被迫得出如下结论：我们仅仅能获得关于实际上已经被观察到了的事物的知识。

这一结论极不合理，并非任何科学哲学家都乐意接受。科学家告诉我们的大量事实都涉及尚未被观察到的事物——想想冰川时期、恐龙、大陆漂移，等等。说关于尚未观察到之物的知识是不可能的，就等于说大多数科学知识完全不是知识。当然，科学实在论者并不接受这一结论。相反，他们把它视为证明不充分论证说错误的证据。因为，尽管存在着关于未观察到之物的理论由观察数据不充分论证这一事实，很明显科学仍给了我们关于尚未观察到之物的知识，这就推导出不充分论证并不是获取知识的障碍。因此，关于不可观察之物的理论也是由观察数据不充分论证的这一事实，并不意味着科学不能给我们提供关于世界的不可观察领域的知识。

事实上，以这一方式提出主张的实在论者是在声称，不充分论证说提出的问题仅仅是归纳问题的一个复杂版本。说一种理论是由观察数据不充分论证的，等于说存在着能够解释同样数据的替代理论。但是这实际上等于说数据并不必然推出理论：从观察数据到理论的推导是非演绎的。无论理论是关于不可观察实体的，还是关于可观察但尚未观察到的实体的，这都没有区别——这两类情形中的逻辑是一样的。当然，表明不充分论证说仅仅是归纳问题的一种版本并不意味着它能被忽视。正如我们在第二章中看到的，关于归纳问题应如何处理这一点并没有形成共识。然而这也不意味着对于不可观察的实体就不存在**特殊的**困难。因此，实在论者声称，反实在论者的立场终究是武断的。在理解科学如何给我们提供关于原子和电子的知识时，无论存在着什么样的问题，都与在理解科学如何为我们提供关于常规、普通对象的知识时遇到的问题一样。

第五章

科学变迁和科学革命

科学思想变化迅速。事实上挑出任意一门你喜欢的科学学科，你都能确信那门学科中的流行理论已和50年前的大不一样，和100年前的更是完全不同。与哲学和人文学科等其他的智识活动相比，科学是一个快速变迁的领域。大量有趣的哲学问题都聚焦于科学变迁。科学观念随着时间不断地变化，是否存在着一种清晰的变迁方式呢？当科学家们放弃现有理论而支持一种新的理论时，我们该作何解释？最新的科学理论在客观性上是否就比先前的更好？客观性的概念是否就有意义呢？

大多数关于这些问题的现代讨论都源于已故美国科学史学家和科学哲学家托马斯·库恩的一部著作。1963年库恩出版了《科学革命的结构》一书，它无疑是过去50年中最有影响的科学哲学著作。库恩思想的影响已经渗透到社会学和人类学等其他学科中，甚至广泛渗透到一般的精神文化之中。(《卫报》将《科学革命的结构》列为20世纪最有影响的100本书之一。)为了理解库恩的思想为什么引起如此轰动，我们需要简要回顾库恩的书出版之前科学哲学的发展状况。

逻辑实证主义的科学哲学

战后英语世界占统治地位的哲学思潮是逻辑实证主义。最初的逻辑实证主义者是20世纪20年代以及30年代初，在莫里茨·石里克领导下，由一群在维也纳相遇的哲学家和科学家组成的松散团体。（我们在第三章提到的卡尔·亨普尔与实证主义者交往密切，卡尔·波普尔也一样。）为了逃避纳粹的迫害，大多数实证主义者移民去了美国，在那里他们和追随者们一直对学院派哲学产生着强大的影响，直到大约60年代中期之后，这一哲学思潮开始解体。

逻辑实证主义者对自然科学、数学和逻辑高度重视。在20世纪初的几年里人们见证了激动人心的科学进步，特别是物理学领域的，这极其深刻地影响了实证主义者。实证主义者的目标之一就是使哲学本身变得更为"科学"，以使哲学领域也出现类似的进步。就科学来说，对实证主义者影响特别深的是它表面上的客观性。实证主义者相信其他的领域更多地表现探究者的主观意见，而科学问题能够用一种完全客观的方式解决。实验检验一类的方法使科学家能够将理论直接和事实相比较，从而作出一个基于可靠信息的、无偏见的关于理论价值的评价。因此，对于实证主义者来说，科学是一种范式性的理性活动，一条通向既存真理的最可靠的道路。

尽管实证主义者高度尊重科学，他们却很少关注科学史。事实上，实证主义者认为哲学家们从科学史的学习中获益很少。这主要是因为，他们在所谓"发现的语境"和"证明的语境"之间作出了严格的区分。发现的语境指的是科学家获得一个特定理论的实际历史过程。证明的语境则指理论已经存在时，科学家证明他的理论所使用的方法——包括检验理论、寻找相关证据，等等。实证主义者认为前者是一种主观的、心理的过程，不受精确规则的支配，而后者是一个客观的逻辑问题。他们主张，科学哲学家应该致力于研究后者。

一个例子有助于使这一观念更为清晰。1865 年比利时科学家凯库勒发现苯分子具有六边形的结构。表面上看，他是在做了一场梦后偶然想到苯的六边形结构假说，在那场梦里凯库勒看见一条蛇正咬住自己的尾巴（见图 11）。当然，事后凯库勒还要科学地检验梦醒后提出的假说，他也这么做了。这是一个极端的例子，但它表明科学假说能够通过看似最不可能的方法获得——这些方法并不总是深思熟虑的系统思考的产物。实证主义者会说，假说最初是如何获得的，这无关紧要。要紧的是，一旦假说已经形成，怎样去检验它——正是这一点使科学成为一种理性的活动。凯库勒最初如何提出他的假说并不重要，重要的是他如何证明这一假说。

发现和证明之间的严格区分，关于前者是"主观的"和"心理的"而后者则不是的信条，这两点解释了为何实证主义对科学哲学持如此非历史的态度。因为，科学思想变化和发展的真实历史过程完全源于发现的语境，而不是证明的语境。按照实证主义者的观点，这一过程可能会引起历史学家和心理学家的兴趣，但无法带给科学哲学家任何东西。

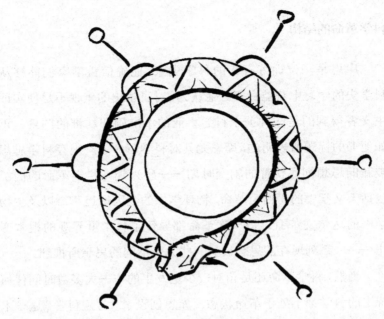

图11　凯库勒在做了一场梦后偶然想到苯的六边形结构假说，在那场梦里凯库勒看见一条蛇正咬住自己的尾巴

实证主义科学哲学的另一个重要主题是理论和观察性事实的区分；这一点和上一章中讨论的可观察/不可观察的区分有关。实证主义者认为，两个竞争的科学理论之间的争论能够用一种完全客观的方法——将理论和"中立的"观察性事实直接比较，这种方法任何一方都能接受——来解决。实证主义者之间在如何准确描述这些中立的事实这一点上意见不一，但是他们都坚定地认为这些事实是存在着的。没有理论和观察性事实之间明晰的区分，科学的合理性和客观性将变得折中，而实证主义者坚定地认为科学是理性的和客观的。

科学革命的结构

　　库恩是一位训练有素的科学史家,他确信哲学家们能够从科学史的学习中获益良多。他认为,对科学史的重视不足使实证主义者得到的是一种关于科学事业的不准确和幼稚的图景。正如他书的标题所表明的,库恩尤其对科学革命——现存科学思想被新的思想彻底代替的剧变时期——感兴趣。科学革命的例子包括天文学中的哥白尼革命、物理学中的爱因斯坦革命以及生物学中的达尔文革命。每一次革命都导致了科学世界观的根本变化——一系列现存的思想被另一些完全不同的思想所推翻。

　　当然,科学革命还是相对较少地发生的——大多数时间任何特定的科学都不处于革命状态。库恩创设了"常规科学"这一术语,来描述当科学家所属的学科没有经历革命性的变化时他们所从事的日常科学活动。库恩对常规科学进行解释的核心概念是**范式**。范式包括两个组成部分:首先,某一科学共同体的所有成员在某一特定时期都能接受的一系列基本的理论假设;其次,由上述理论假设解决了的、出现在相关学科教科书上的一系列"范例"或特定科学问题。但是,范式不仅仅是一个理论(尽管库恩有时交换使用这两个词)。当科学家们共用一个范式时,他们并不仅仅赞同特定的科学命题,他们还在自己所属领域的未来科学研究应该如何推进、哪些是相关的需要解决的问题、解决那些问题的恰当方法是什么、那些问题的可接受解决方法应该如何等问题上意见一致。简而言之,一个范式就是对科学的总体观点——

联结科学共同体并且允许常规科学发生的一系列共享的假设、信念和价值观。

常规科学准确地讲包括什么呢？按照库恩的观点，常规科学主要是一种**解惑**的活动。无论一个范式多么成功，它都将遇到特定的困难——那些它无法涵盖的现象、理论预见和实验事实之间的龃龉，等等。常规科学家的工作就是试图消除这些较小的困惑，同时使得对范式的改变尽可能少。所以常规科学是一种相当保守的活动——它的研究人员不是试图作出任何惊天动地的发现，而仅仅是要发展和扩充既存的范式。用库恩的话说，"常规科学并不试图去发现新奇的事实或发明新理论，成功的常规科学研究并不会发现新东西"。最重要的是，库恩强调常规科学家并不试图**检验**范式。相反，他们不加疑问地接受范式，并在范式所设定的范围内开展研究。如果一位常规科学家得到了一个有悖于范式的实验结果，她通常会假定实验方法有误，而不认为是范式错了。范式本身是不可商榷的。

常规科学的时期一般能持续几十年，有时甚至是几个世纪。在此期间科学家们逐渐地阐释范式——恰当调整范式，充实细节，解答越来越多的困惑，扩大范式的适用范围，等等。但是随着时间的推移，出现了**反常**——那些不论常规科学家们如何努力都无法与范式的理论假设相一致的现象。当反常在数量上还很少的时候，它们容易被忽视。但当反常累积得越来越多时，一种逐渐增强的危机感就笼罩着科学共同体。对既存范式的信心瓦解了，常规科学的进程也暂时趋停。这标志着库恩所说的"革命的科学"时期的开始。在此时期，主要的科学观念都**处于**公开竞争的地位。各种对旧范式的替代方案被提出，最终，一种新的范式就被确立。大约需要一代人的时间，科学共同体的所有成员都转而信奉新范式——这标志着科学革命的完成。因此，科学革命的本质就是从旧的范式转向一种新的范式。

库恩将科学史概括为被偶尔的科学革命中断的漫长常规科学时期，这得到了许多哲学家和科学史家的响应。来自科学史上大量的例子恰好符合库恩的概括。例如，当我们考察从托勒密到哥白尼的天文学变化，或从牛顿到爱因斯坦的物理学变化时，库恩所描述的许多特征都在其中显现出来。坚持托勒密体系的天文学家们都共有一种范式，这一范式建立在地球静处于宇宙中心的理论之上，为这些天文学家们的研究搭建了一个不受质疑的背景。在18、19世纪坚持牛顿体系的物理学家们也是如此，他们的范式建立在牛顿的力学和引力理论之上。在这两个例子中，库恩关于旧范式怎样被新范式取代的解释相当准确地得以适用。也有一些科学革命并非如此精准地符合库恩模型，例如近来生物学上的分子革命。然而尽管如此，大多数人都赞同，库恩对于科学史的描述蕴含着重要的价值。

为什么库恩的思想能引起如此的风暴？因为除了对科学史纯粹的描述性陈述外，库恩还提出了一些相当有争议的哲学命题。通常我们假定，当科学家们用一种新的理论来替代既存理论时，他们都是在客观证据的基础上这样做的。但是库恩认为，接受一种新的范式是科学家出于信念的一种特定行为。他承认，一个科学家可能会有很好的理由为一种新范式而放弃旧范式，但是他强调单靠这些理由永远无法合理地**迫使**范式转变。库恩写道："从信奉一个范式到信奉另一个范式，这是一种不受强迫的转变经历。"在解释为什么一种新范式在科学共同体内能够快速获得认同的问题时，库恩重点强调了科学家们之间的同行压力。如果一种特定的范式拥有强有力的倡导者，它就更有可能赢得广泛的认同。

库恩的许多批评者都对这些主张感到震惊。如果范式转换是以库恩所说的那种方式实现的，就真的难以理解科学如何能被看做一种理性活动。科学家们真的不得不将信念建立在证据和理性，而不是信念和同行压力的基础上吗？面对两种竞争的范式，科学家们确实应该进行客观比较以决定哪种范式有着更多的有利论据吗？接受"改宗"，或甘愿被最强势的同行科学家说服，这些似乎很难算得上理性的行事方式。库恩对于范式转换的解释，似乎也很难与实证主义者眼中作为一种客观、理性活动的科学相容。一位评论者写道，按照库恩的解释，科学中的理论选择就是"群众心理学的事"。

库恩也对科学变迁的总体方向提出过有争议的看法。按照一种为人广泛接受的观点，科学进步总是以线性的方式趋近真理，旧的不正确的观点总是被新的正确的观念所取代。新近的理论因而在客观性上要优于早先的理论。科学的这一"累积性"概念在科学家和外行人中一样通行，但是库恩认为，这既是历史的不准确又是哲学的幼稚。例如，他指出爱因斯坦的相对论在某些方面与亚里士多德而不是牛顿的理论更为相似——所以力学的历史就不仅仅是一种从错误到正确的线性进步。此外，库恩还质疑客观真理的概念是否真正有意义。在他看来，认为存在着一系列确定的、独立于任何范式之外的关于世界的事实，这种想法的融贯性是值得怀疑的。库恩提出了一种激进的替代思想：关于世界的事实都是系于范式的，当范式变化时它们也要发生变化。如果这一主张正确，那么问一种特定的理论是否与"本然的"事实相关，或者因此询问这种特定的理论是否是客观真理，就都没有意义了。

不可通约性和观察数据的理论负荷

关于上述论断库恩有两点主要的哲学论证。首先，他认为竞争的范式之间一般是互相"不可通约的"。要理解这一思想，我们必须记住，对库恩来说一个科学家的范式决定了她的总体世界观——她通过范式的透镜去看取一切。所以在科学革命中，当现存范式被新范式取代时，科学家们必须放弃他们用以了解世界的整个概念框架。事实上，库恩甚至明显带有比喻意味地声称，在范式转换的前与后科学家们"生活在不同的世界里"。不可通约性是指，两个范式间是如此不同以至于不可能对两者进行任何直接的比较——没有一种共同的语言实现互通。于是，库恩说，不同范式的支持者们"不能充分交流彼此的观点"。

这即使有些含混，却是一个有趣的想法。不可通约性的说法主要来自库恩的信念，即科学概念的意义来自用到这些概念的理论。所以,(例如)要理解牛顿的质量概念,就需要理解牛顿物理学的整个理论——概念不能独立于它们所嵌入的理论而获得解释。这一有时被称为"整体论"的思想,受到库恩的特别重视。他认为,"质量"这一术语对于牛顿和爱因斯坦来说实际上所指不同,因为都包含这一术语的两种理论是如此不同。这意味着牛顿和爱因斯坦实际上是在说着不同的语言,显然这使得在两种理论间作出选择的努力变得复杂。如果一位信奉牛顿学说的物理学家和一位信奉爱因斯坦学说的物理学家尝试着进行一次理性讨论,那么他们的谈话将以缺乏交集而告终。

库恩使用不可通约性命题既是为了反驳范式转换是完全"客观的"这一观点,也是为了支持自己提出的非累积性的科学史图景。传统的科学哲学在两个竞争的理论中进行选择时没有什么大的困难——仅需借助有效证据就可以对两种理论作出客观比较,进而决定哪种更好。但是,这明显假设了存在着一种可以表述这两种理论的共同的语言。如果库恩是正确的,即新旧范式的支持者们只是在相当字面的意义上缺乏交集,对于范式选择的这种简单化解释就不可能正确。对于传统的"线性"科学史图景来说,不可通约性也同样成问题。如果新旧范式之间不可通约,把科学革命看做是"正确"思想取代"错误"思想也就不对了。声称一种思想是正确的而另一种是错误的,就暗示着存在一种评价它们的共同框架,而这一点正是库恩所否定的。不可通约性暗示着科学变迁在某种意义上是无方向的,远非一种朝向真理的直线式进步:新近的范式并不比先前的更好,仅仅是不同罢了。

库恩的不可通约性命题并没有令许多哲学家信服。部分问题在于，库恩也承认新旧范式是**不相容的**。这一主张看起来很有道理，因为如果新旧范式并非不相容，就没有必要在两者之间选择。在许多例子中，这种不相容性也是显而易见的——托勒密的行星围绕着地球运转的主张显然与哥白尼的行星围绕太阳运转的主张不相容。但是正如库恩的批评者们立即指出的，如果两种事物不可通约，它们就不可能是不相容的。为了理解原因，我们来看一个命题：物体的质量取决于速度。爱因斯坦的理论认为这一命题正确，而牛顿学说认为这一命题错误。但如果不可通约性学说正确，牛顿和爱因斯坦在此就不存在真正的分歧，因为这一命题在两种理论中意思不同。仅当这一命题在两种理论中具有**同样的**意义，也即仅当不存在不可通约性时，两者之间才有真正的冲突。既然每一个人（包括库恩）都承认爱因斯坦和牛顿的理论的确有冲突，我们就有充分的理由质疑不可通约性命题。

　　为了回应这类反驳，库恩稍微缓和了他的不可通约性命题。他强调即使两种范式不可通约，也不意味着两者之间无法比较，而仅仅是使得这种比较更为困难。库恩认为，不同范式间的**部分**转化仍是可能的，所以新旧范式的支持者们在某种程度上可以相互交流：他们不会总是完全缺乏交集。但是库恩又进而主张，在两种范式间作出完全客观的选择是不可能的。因为除了由于缺乏共同语言而导致的不可通约性外，还存在着库恩所称的"标准的不可通约性"。这一概念是指，不同范式的支持者们在关于评价范式的标准，关于一个好的范式应该解决什么问题，关于那些问题可接受的解决办法如何等方面意见可能不一致。所以即便能够有效交流，他们在哪种范式更好这一问题上也不可能达成一致。用库恩的话说，"每一种范式都能满足它为自己所设定的标准，却达不到它的反对者们所设定的一些标准"。

库恩的第二个哲学论证建立在数据的"理论负荷"这一观念上。为了理解这一观念，假设你是一个试图在两种竞争的理论间作出选择的科学家。显然要做的事情是，去寻找有助于在两种理论间进行取舍的一系列观察数据——这正是传统科学哲学所推崇的。但这种做法仅在存在着适当独立于理论的观察数据时才可能，也就是说，无论相信两种理论中的哪一种，科学家都会接受观察数据。正如我们所看到的，逻辑实证主义者认为存在着这种理论中立的观察数据，它们能够为两种竞争理论提供客观的裁决。但是库恩认为，理论中立概念是一种幻相——观察数据总会受到理论假设的感染。将所有科学家都认为与各自理论流派无关的一组"纯粹"数据隔离出来是不可能的。

对于库恩来说，观察数据的理论负荷具有两项重要意义。首先，它意味着竞争范式之间的问题不能通过简单诉诸"数据"或"事实"来解决，因为被科学家称为数据或事实的东西依赖于她所接受的范式。在两种范式间作出完全客观的选择因此是不可能的：不存在能够评价各方主张的中立见解。其次，客观真理的概念本身也值得质疑。要达到客观真理，我们的理论或信念必须与事实相符，但是如果事实本身就受到理论影响，这种相符的观念就变得没有意义了。这就是为什么库恩倒向了一种激进的观点：真理本身是相对于范式而言的。

为什么库恩会认为所有的观察数据都是理论负荷的？他的著作中并没有彻底澄清这一点，但从中至少可以看出两条论证思路。第一条思路是，知觉很大程度上受制于背景信念——我们所看到的部分取决于我们所相信的。一个训练有素的正在实验室里看着精密仪器的科学家所看到的与一个门外汉所看到的将会有所不同，因为科学家显然具有门外汉所没有的关于仪器的许多信念。大量心理学实验据称表明了知觉以这一方式对背景信念敏感——尽管对这些实验的解释仍有争议。第二条思路是，科学家的实验报告和观察报告通常是用高度理论化的语言来表述的。例如，一位科学家可能以"一束电流正通过一根铜棒"来描述实验结果。但是这一数据描述显然负荷了大量理论。一位对电流不持标准信念的科学家就不会接受它，因此它明显不是理论中立的。

在上述论证的价值上，哲学家们发生了分歧。一方面，许多哲学家赞同库恩，认为纯粹的理论中立是一种无法达到的理想。实证主义者的观念，即完全没有理论倾向的一组数据陈述，已被大多数当代哲学家所否定——部分也是因为没有人曾成功地具体说明这种陈述。然而，这是否完全损害了范式转换的客观性，这一点并不清楚。例如，假设托勒密主义的天文学家和哥白尼主义的天文学家争论哪种理论更好。争论要有意义，就一定要存在着一些他们都能赞同的天文学数据。但为什么这会是一个问题？他们对（例如）地球和月亮在前后相继的夜晚所处的相对位置或者太阳升起的时间等问题必定有一致看法吗？显然，如果哥白尼主义者坚持用日心说描述观察数据，托勒密主义者将会加以反对。然而哥白尼主义者没有理由那样做。类似"5月14日太阳在早上7点10分升起"这样的陈述能被任何一方科学家接受，无论他们相信地心说还是日心说。这样的陈述可能不是**完全**理论中立的，但它们已充分摆脱了理论影响以至于两种范式的支持者们都能接受，这才是最重要的。

数据的理论负荷迫使我们放弃客观真理的概念，这一点更不够明显。许多哲学家都承认，理论负荷使人难以看出对客观真理的**了解**何以可能，但是这并不意味着客观真理这一概念本身是不自洽的。问题部分在于，与许多怀疑此概念的人一样，库恩也不能清晰提出一个可行的替代方案。真理是相对于范式而言的——这种激进观点终究难以理解。因为，与所有这类相对主义学说一样，它也面临着一个关键的问题。看看下面的问题：真理是相对于范式而言的这一论断**自身**在客观上是对是错？如果相对主义的支持者回答"对"，他们就已经承认了客观真理的概念有意义，因而也自相矛盾了。如果他们回答"错"，他们就没有理由反驳与他们意见不一并声称真理**并非**相对于范式而言的人。并不是所有的哲学家都认为该论证对于相对主义来说完全致命，但它的确表明，放弃客观真理的概念说易行难。传统观点认为科学史仅仅是一种朝向真理的线性进步，库恩的确对这一观点提出了一些有力的反对意见，但是他提出的相对主义替代方案也存在着诸多问题。

库恩和科学的合理性

《科学革命的结构》一书行文非常激进。库恩处处给人以这样的印象：要以一种全新的观念取代关于科学领域理论变化的标准哲学观念。他的范式转换学说、不可通约性学说以及观察数据的理论负荷学说，似乎与实证主义者把科学看做一种理性、客观、累积的事业的观念格格不入。大多数库恩的早期读者有充分理由认为，他是在声称科学是一种完全与理性无关的活动，其特征是在常规时期教条地坚持一种范式，在革命时期突然"改宗"。

但是库恩自己对于这种解读并不高兴。在1970年出版的《科学革命的结构》第二版的后记以及后来的论著中，库恩在很大程度上缓和了他的激进论调——并且指责某些早期读者误解了他的意图。库恩声称，他的书并不是要怀疑科学的合理性，而是要提供一种关于科学事实上如何演变的更为实在、更符合历史的图景。由于无视科学史，实证主义者滑入了对科学活动的过分简单化甚至理想化的解释，而库恩的目的就在于进行纠正。他并不试图表明科学是非理性的，而是要提供一种对科学之合理性的更好解释。

一些评论者把库恩的后记仅看成一种转变——一种从原先立场的退却，而不是对原先立场的澄清。这是否是一种公平的评价不是我们接下来要讨论的。但是后记的确揭示出一个重要方面。在对那些指责他将范式转换描绘为无关理性的人进行反驳时，库恩提出了一个著名的观点：科学领域的理论选择"没有算法"。这是什么意思呢？一种算法就是指一系列使我们能计算出关于特定问题的答案的规则。例如，乘法的算法就是一种把它运用到任何两个数字上就能得出乘积的一套规则。（当你在小学学习算术的时候，其实就是在学习加、减、乘、除的算法。）因此理论选择的算法就是指一系列的规则，当被运用到两个竞争的理论中时它们能告诉我们应该选择哪一理论。实际上大多数实证主义的科学哲学都依赖于这样一种算法的存在。实证主义者们似乎经常写道，只要给定一系列观察数据和两个竞争的理论，我们就能使用"科学方法的原则"去决定哪一种理论更优。这一思想隐含于实证主义者的如下信念：虽然发现是心理学的事，证明却是逻辑的事。

库恩坚持认为科学领域的理论选择不存在算法，这一点几乎肯定是正确的。还没有人曾成功发明这样一种算法。许多哲学家和科学家对于要在理论中寻求什么这一问题提出过貌似合理的意见——简单性、适用范围的广泛、与数据的契合，等等。但正如库恩所深知的，这些意见还远远达不到提出一种真正的算法。首先，理论之间可能会有些权衡：理论1可能比理论2更简单，但是理论2可能更符合观察数据。所以主观判断或科学常识在对两个竞争理论的裁定中常常要用到。从这一角度看，库恩关于新范式的采用涉及特定信念行为的观点似乎并不特别激进，同样，他所强调的，即在决定一种范式在科学共同体中的胜出概率时其倡导者的说服作用，也不是非常极端。

理论选择不存在算法这一论题支持了另一观点，即库恩对于范式转换的解释没有攻击科学的合理性。因为，我们可以把库恩解读成是在拒斥一种特定的合理性概念。事实上实证主义者认为，理论选择**一定**存在着一种算法规则，否则科学变迁就是非理性的。这绝不是一种疯狂的观点：许多理性行动的范例都涉及规则，或者说算法。例如，如果你想知道某种商品是在英国还是在日本便宜，你就会运用一种算法将英镑换算成日元；任何其他寻求答案的方法都是非理性的。类似地，如果一位科学家正试图在两个竞争的理论间作出决定，人们很容易认为唯一理性的方法是运用一种关于理论选择的算法。因此，如果已经表明没有这样一种算法规则（看来很可能如此），我们就面临两种选择。要么我们能得出科学变迁非理性的结论，要么就是实证主义者的合理性概念太苛求了。在后记中库恩表示，后一种选择是对他的著作的正确解读。他的书的寓意并不在于范式转换是非理性的，而是要表明，要理解范式转换，我们需要一种更为宽松的、非算法的合理性概念。

库恩的遗产

虽然库恩的思想存有争议，但是它们改变了科学哲学。这部分是因为库恩质疑了许多传统上被视为理所当然的假定，迫使哲学家们重新正视它们，部分是因为他引起了对传统科学哲学完全忽视的一系列问题的关注。库恩之后，认为哲学家们能够忽视科学史的观念越来越站不住脚，正如在发现和证明的语境间作出截然区分的观念日益站不住脚一样。当代科学哲学家比前库恩时期的前辈们远为关注科学的历史演变。即使是那些对库恩的激进观点持反对意见的人，也承认在这些方面库恩的影响是积极的。

库恩的另一个重要影响是使我们的关注聚焦在科学发生的社会情境中，这一点是传统科学哲学所忽视的。对于库恩来说科学本质上就是社会活动：一个通过遵从一种共有范式联结起来的科学共同体的存在是常规科学实践的先决条件。库恩还对在学校和大学里如何教授科学、年轻科学家们如何被吸纳到科学共同体中、科学成果如何发表等其他类似的"社会学"问题投入了大量关注。无怪乎库恩的思想在科学社会学家中间具有深远影响。尤其是，库恩对科学社会学领域20世纪70年代始于英国、被称为"强纲领"的运动功不可没。

强纲领立基于如下思想：科学应该被视为作为科学实践之场所的社会的产物。强纲领社会学家们认真地对待这一思想：他们认为科学家的信念大部分是由社会决定的。所以，（例如）要解释为什么一位科学家相信某一特定理论，他们会去引证该科学家所处的社会文化背景。他们坚称，科学家相信这一理论的个人原因从来都不是充分的解释。强纲领借用了库恩的大量命题，包括数据的理论负荷、科学本质上是一种社会事业，以及理论选择没有算法。然而强纲领社会学家们比库恩更为激进，却没有库恩那样谨慎。他们公开否认客观真理和合理性的概念，认为这些概念在观念形态上可疑，并且对传统的科学哲学抱有极大的怀疑。这使得科学哲学家和科学社会学家之间产生了一些紧张，一直持续到今天。

　　说得更远点，库恩还对**文化相对主义**在人文社会科学中的兴起产生了影响。文化相对主义不是一种有着精确定义的学说，但其核心思想是不存在类似绝对真理的东西——真理总是相对于特定的文化而言的。我们可能认为西方科学揭示了关于世界的真理，但是文化相对主义者们可能会说其他的文化和社会，例如美洲土著，拥有他们自己的真理。正如我们看到的，库恩确实信奉相对主义的观点。然而，在他对文化相对主义的影响方面事实上存在着一种反讽。文化相对主义者们通常是非常反科学的。他们反对社会赋予科学的崇高地位，认为这是对其他具有同等价值的信念系统的歧视。但库恩本人是坚决支持科学的。与实证主义者一样，他认为现代科学是一种有着深远影响的智识成就。库恩的范式转换、常规科学和革命科学、不可通约性和理论负荷等学说并不是有意破坏或批判科学事业，而是要帮助我们更好地理解科学。

第六章

物理学、生物学和心理学中的哲学问题

迄今为止我们所探讨的问题——归纳、解释、实在论和科学变迁——都属于所谓的"一般科学哲学"。这些问题都是关注一般意义上的科学探究的本质，而不是特别地与（例如）化学或地质学相关的本质。然而，特定科学中也有许多有趣的哲学问题，这些问题属于我们所说的"特殊科学的哲学"。这些问题通常部分依赖于哲学沉思，部分依赖于经验事实，从而十分有趣。在本章中，我们要考察分别来自物理学、生物学和心理学的三个这类问题。

莱布尼兹 VS. 牛顿：关于绝对空间

我们的第一个主题是关于17世纪两个杰出科学家——莱布尼兹（1646—1716）和牛顿（1642—1727）之间就时空本质的争论。我们将主要关注空间问题，而时间问题也与此紧密相关。在其著名的《自然哲学原理》一书中，牛顿为一种被称为"绝对主义"空间观念的观点进行了辩护。根据这种观点，空间拥有一种"绝对"存在，超越于各种物体的空间关系之上。牛顿把空间看做一个三维的容器，上帝在创造世界的时候把物质世界放在其中。这就意味着空间在有物体之前就已存在，正如在把食品放进食品盒之前该容器就已经存在一样。根据牛顿的看法，空间与食品盒之类的日常容器之间的区别仅在于，日常的容器显然尺寸有限，而空间却在每个方向上都无限延伸。

莱布尼兹强烈地反对这种绝对主义的空间观和牛顿哲学中的许多其他观点。他认为空间仅是由物体间的空间关系构成的集合。"上""下""左""右"就是空间关系的个例——它们是物体相互之间具有的关系。这种"关系论的"空间概念意味着，在有物体之前空间并不存在。莱布尼兹认为在上帝创造物质世界**之时**，空间才开始存在；空间并不是预先存在着并等待物体填充进去。所以把空间设想成一个容器甚或任何种类的实体都不是有效的想法。可以通过一个类比来理解莱布尼兹的观点。一份合法的合同由两方——如一所房子的买方和卖方——之间的关系构成。如果其中一方去世，合同便终止。所以，说合同独立于买卖双方间的关系而存在是不切实际的——合同就**是**这种关系。同样，空间也不是什么超越于物体间的空间关系而存在的东西。

牛顿引入绝对空间的概念主要是为了区别绝对运动和相对运动。相对运动是一个物体相对于另一物体的运动。就相对运动而言，问一个物体是否"真正"在运动是没有意义的——我们只能问它是不是相对于另一物体在运动。想象一下，两人沿着一条直道一前一后慢跑着，相对于站在路边的旁观者，这两个人明显处在运动中：他们正离旁观者越来越远。但是这两个慢跑者相对于彼此却没有运动：只要他们保持同样的速度跑向同一方向，他们的相对位置就仍然不变。所以一个物体相对于一物体可能处于运动之中,而相对于另一物体却处于静止状态。

牛顿相信,绝对运动同相对运动一样也是存在的。常识支持这种观点。直观上,问一个物体是否"真正地"在运动**确实**是有意义的。想象处于相对运动中的两个物体——如一架空中的滑翔机和地面上的一位观察者。现在相对运动是对称的:正如滑翔机相对于地面上的观察者是运动的,地面上的观察者相对于滑翔机也是运动的。但是问以下问题是否确实有意义:观察者或滑翔机,或者两者,是否"真正地"在运动?如果确有意义,我们就需要绝对运动的概念。

绝对运动到底**是**什么?在牛顿看来,它是**相对于绝对空间自身**的物体运动。牛顿认为在任何时间,每个物体都在绝对空间中有一个特定的位置。如果一个物体从一个时刻到另一个时刻在绝对空间中改变了位置,该物体就处于绝对运动状态;反之,则处于绝对静止状态。所以为区分相对运动和绝对运动,我们需要把空间看做一个绝对的实体,超越于物体之间的关系。请注意,牛顿的推理依赖于一个重要的假设。他毫无疑问地假设所有运动都是相对于某个参照物的。相对运动是相对于其他物体的运动;绝对运动是相对于绝对空间自身的运动。所以在某种意义上,对于牛顿来说,即使绝对运动也是"相对的"。实际上牛顿是在假设,处于运动状态,不论绝对运动还是相对运动,不可能是关于物体的"原初事实";它只能是关于物体与其他事物间关系的事实。这里的其他事物可能是另一个物体,也可能是绝对空间。

莱布尼兹承认,在相对运动和绝对运动之间存在着区别,但是他反对把绝对运动解释为与绝对空间相关的运动。他认为绝对空间的概念是不严密的。对此，他作了大量论证，其中许多在本质上是神学的。从哲学的观点看，莱布尼兹最有趣的论证是，绝对空间与他所说的不可区分事物的同一性原则（PII）相矛盾。莱布尼兹认为这条原则毋庸置疑是正确的，所以他拒斥绝对空间的概念。

不可区分事物的同一性原则指的是，如果两个物体不可区分，它们就是同一的，即它们实际完全是同一个物体。说两个物体不可区分意味着什么呢？这意味着根本不能在这两者之间找到任何区别——两者具有完全相同的属性。所以如果该原则是真的，那么任何两个真正不同的对象必须至少在一个属性上不同——否则它们就是同一个而不是两个物体。不可区分事物的同一性原则在直观上非常具有说服力。找到两个不同的物体共同具有**所有**属性的例子当然不容易。甚至工厂里大批量制造的两个产品通常也会在许多方面不同，即便这些差别不能通过肉眼观察到。该原则总体上是否正确，是哲学家们仍在争论的复杂问题；答案部分取决于究竟什么能被算做"属性"，部分取决于量子物理学中的疑难问题。但是我们目前关注的是莱布尼兹对这条原则的应用。

莱布尼兹用了两个思想试验来揭示牛顿的绝对空间理论和不可区分事物的同一性原则之间的矛盾。他的论证策略是间接的：为了论证，他假设牛顿的理论正确，然后他力图证明这一假设会带来矛盾；矛盾不可能为真，所以莱布尼兹的结论是牛顿的理论必为假。回想一下牛顿的观点，他认为在时间上的任何时点，宇宙中的每一个物体在绝对空间中都有一个确定的位置。莱布尼兹要我们设想两个不同的宇宙，其中包含有彼此完全相同的物体。在宇宙 1 中，每个物体在绝对空间中都占据一个特定的位置。在宇宙 2 中，每个物体在绝对空间中都被移到了一个不同的位置，（例如）向东移了两英里。没有任何方式可以区分开这两个宇宙。因为正如牛顿自己所承认的，我们不能观察到绝对空间中物体的位置。我们所能观察到的只是物体**相对于其他物体**的位置，而这些位置没有变化——所有物体在移动的量上都相同。任何观察和实验都永远不能揭示出我们是生活在宇宙 1 还是宇宙 2 中。

第二个思想试验与第一个相类似。回想一下牛顿的理论，他认为一些物体在绝对空间中移动而另外一些物体处于静止状态。这就意味着在每一时刻，每个物体都有一个确定的绝对速度。[速度（velocity）是在一定方向上的速度（speed），所以一个物体的绝对速度是该物体在绝对空间中一定方向上的移动速度。绝对静止的物体绝对速度为零。]现在想象有两个不同的宇宙，它们之中有完全相同的物体。在宇宙 1 中，每个物体都有一个特定的绝对速度。在宇宙 2 中，每个物体的绝对速度都增加了一个固定的量，比如说（增量为）在一个规定的方向上每小时 300 公里。我们还是永远不能区分开这两个宇宙。因为正如牛顿自己所承认的，我们不可能观察到一个物体相对于绝对空间的移动速度。我们只能观察到物体**相对于其他物体来说**移动的速度——而这些相对速度将保持不变，因为每个物体的速度都增加了完全相同的量。没有任何观察和实验能够揭示出我们是生活在宇宙 1 还是宇宙 2 中。

在上述每个思想试验里，莱布尼兹都描绘了两个宇宙，用牛顿自己的理论永远无法区分开——它们完全不可分辨。但是根据不可区分事物的同一性原则，这就意味着这两个宇宙实际上是同一个。所以结果就是，牛顿的绝对空间理论是错误的。还可以用另外一种方式来看待这一点：牛顿的理论暗示，处于绝对空间中某一处的宇宙与移动到不同处的该宇宙之间有真正的差异。但是莱布尼兹指出，只要宇宙中每个物体位置移动的量相同，这种差异就完全不可觉察。如果在两个宇宙之间觉察不到任何差异，它们就是不可区分的，不可区分事物的同一性原则告诉我们，这两个宇宙实际上是同一个。所以牛顿理论的一个错误是：它在只有一个事物的时候认为有两个事物存在。绝对空间的概念因而与不可区分事物的同一性原则相冲突。莱布尼兹的第二个思想试验逻辑与此相同。

实际上，莱布尼兹是在声称绝对空间是一个空概念，因为它不能在观察上作出区分。如果既不能觉察到绝对空间中物体的位置，也不能觉察到相对于绝对空间的物体速度，那又为什么要相信绝对空间？莱布尼兹在此诉诸一个非常合理的原则，即仅当不可观察的实体的存在会带来能够观察到的差异，我们才应该在科学中假定该实体存在。

但是牛顿认为他能够揭示绝对空间**确实**有可观察的效应。这就是他著名的"旋转桶"论证的要点所在。他让我们想象一个装满了水的桶，它由一根穿过其底部一个孔洞的绳子悬挂着（见图12）。

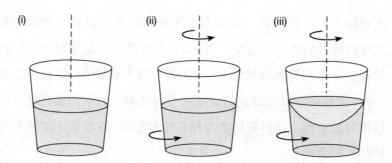

图12 牛顿的"旋转桶"试验。在步骤(ⅰ),桶和水都静止;在步骤(ⅱ),桶相对于水在旋转;在步骤(ⅲ),桶和水协力旋转

　　最初水相对于桶处于静止状态,然后绳子被搓动了许多圈再放开。随着绳子的展开,桶开始旋转。起先,桶中的水保持静止,水面是平的;桶相对于水在旋转。但是稍后,桶把它的运动传递给水,水也开始随着桶协力旋转;桶与水相对于彼此又静止了。操作显示,之后水面如图所示在桶边处隆起。

　　是什么造成水面的隆起?牛顿问道。明显这与水的旋转有关。但旋转是运动的一种类型,而对牛顿来说,物体的运动总是相对于其他物体的。所以我们必然要问:水相对于什么在旋转?显然不是相对于桶,因为桶和水在协力旋转,因而它们之间相对静止。牛顿认为水是相对于绝对空间在旋转,并且这导致了水面的隆起。所以绝对空间的确在事实上有可观察的效应。

　　你也许会认为牛顿的论证中有个明显的缺陷。就算水不是相对于桶在旋转,为什么就能得出一定是相对于绝对空间在旋转?水的旋转是相对于做这个实验的人,相对于地球的表面,以及相对于固定的星辰,是否其中的任何一个当然都有可能导致水面的隆起？牛顿对这一运动有个简单的回答。想象一个只包含该旋转桶的宇宙。在这个宇宙中，我们不能用水是相对于其他物体在旋转来解释水面的隆起，因为不存在其他物体，并且与之前一样，水相对于桶是静止的。绝对空间是剩下的水的旋转唯一可以相对的东西。所以我们必须相信绝对空间，不然就不能解释为什么水面会隆起。

实际上，牛顿是在说，尽管一个物体在绝对空间中的位置和它相对于绝对空间的速度不能被觉察到，但说出一个物体相对于绝对空间何时在**加速**却**的确**可能。因为当一个物体旋转时，根据定义它就在加速，即使旋转的速率不变。这是因为在物理学上，加速度被定义成速度变化的比率，并且速度是**一定方向上的**速度。旋转的物体一直在改变着运动的方向，结果就是它们的速度不是不变的，因此它们在加速。隆起的水面恰恰就是所谓"惯性效应"——由加速运动产生的效应——的一个例子。另外一个例子是当飞机起飞时，你所获得的被推向椅背的感觉。牛顿坚信，惯性效应的唯一可能的解释是，经受那些效应的物体相对于绝对空间在加速。在一个只有加速物体的宇宙中，绝对空间是加速度唯一能够相对的。

牛顿的论证很有力，但不能说服人。因为如果旋转桶试验是在一个没有其他物体的宇宙中完成的，牛顿如何知道水面**会**隆起？牛顿想当然地假设，我们在这个世界中所发现的惯性效应在没有其他物体的世界中也会保持不变。这明显是个非常重要的假设，许多人已经质疑牛顿有何理由如此设想。所以，牛顿的假设不能证明绝对空间的存在。相反,它为莱布尼兹的辩护者平息了来自外界的一种挑战,即要求他们提出惯性效应之外的替代解释。

莱布尼兹也面临着不借助绝对空间来解释绝对运动和相对运动之间区别的挑战。在这个问题上,莱布尼兹撰文称,"当实体变化的直接原因在实体本身时",该实体就在真正地或绝对地运动。回想一下滑翔机和地面上的观察者的例子,相对于彼此,两者都在运动。为了确定哪个在"真正地"运动,莱布尼兹会说我们需要确定变化(即相对运动)的直接原因是在滑翔机、观察者还是这两者。这种关于如何区别绝对运动和相对运动的提议,避免了一切对绝对空间的参照,但是却很不清晰。莱布尼兹从未严格地解释过在一个物体中"变化的直接原因"是什么**意思**。但是也许他的意图是要拒斥牛顿的假设,即一个物体的运动,不管是相对运动还是绝对运动,都只能是关于该物体与其他物体间关系的一个事实。

令人感兴趣的是,关于绝对和相对的争论并没有消逝。牛顿关于空间的论述与他的物理学有密切的关系,而莱布尼兹的观点是对牛顿观点的直接回应。所以也许有人会认为17世纪以来的物理学的发展,到目前应该已经解决了这一问题。但是这却没有发生。尽管人们曾经普遍认为,爱因斯坦的相对论已经作出了偏向于莱布尼兹的论断,但是近些年来这种观点日益遭到批判。源于牛顿和莱布尼兹之间的争论在300多年后变得更为激烈。

生物学分类的问题

分类，或者说把正在研究的对象归到一般的种类中，在每门科学中都起到作用。地理学家按形成方式把岩石分为火成岩、沉积岩以及变质岩。经济学家按公平程度将税制分为比例税制、累进税制及累退税制。分类的主要作用是传达信息。如果化学家告诉你某物是金属，那就告诉了你很多关于它的可能性状。分类提出了一些有趣的哲学问题。这些问题大部分源于这一事实，即任何给定的对象集合原则上都可以按很多不同的方式来划分类别。化学家根据物质的原子数目来划分物质，产生了元素周期表。但是他们同样也能按照物质的颜色、气味或密度来划分物质的类别。我们该如何在这些可能的分类方式中作出选择？存在一种"正确的"分类方式吗？或者是否所有的分类方案最终都是任意的？这些问题在生物分类或分类学中显得特别紧要，正是我们在此要关注的。

生物学家传统上用林奈系统来划分植物和有机生物，这一系统是以18世纪瑞典博物学家卡尔·林奈（1707—1778）来命名的（见图13）。林奈系统的基本元素对许多人来说简单而熟悉。首先，个体的有机生物属于一个**种**，然后每个物种属于一个**属**，每个属又属于一个**科**，每个科属于一个**目**，每个目属于一个**纲**，每个纲属于一个**门**，而每个门又属于一个**界**。多种中间等级，如**亚种、亚科**和**总科**也被加以识别。种是基本的分类单元，属、科、目等被视做"高级分类单元"。一个物种的标准拉丁名指示了该物种所归

CAROLI LINNÆI

Naturæ Curioforum *Diofcoridis Secundi*

SYSTEMA
NATURÆ

IN QUO

NATURÆ REGNA TRIA,

SECUNDUM.

CLASSES, ORDINES, GENERA, SPECIES,

SYSTEMATICE PROPONUNTUR,

Editio Secunda, Auctior.

STOCKHOLMIÆ
Apud GOTTFR. KIESEWETTER.
1740.

图13　林奈的名著《自然系统》，该书介绍了他对植物、动物和矿物质的分类

入的属,仅此而已。例如,你和我都属于**智人**,这是人属中唯一存活的物种。人属中其他两个物种是**直立人**和**能人**,这两个种现在都已经灭绝了。人属又属于人科,人科又属于类人猿总科,类人猿总科又属于灵长目,灵长目又属于哺乳动物纲,哺乳动物纲又属于脊索动物门,脊索动物门属于动物界。

应该注意,林奈划分有机生物的方法是层级式的:众多种处于单个属中,众多属又处于单个科中,众多科又处于单个目中,以此类推。所以当我们向上推移时,会发现每个层上的分类单元越来越少。在底部差不多有数百万物种,但是到了顶部仅有五个界:动物、植物、真菌、细菌和原生物(水藻、海藻等)。并非科学中的每个分类系统都是等级式的。化学中的周期表就是非等级式分类的一个例子。不同的化学元素并不是像林奈系统中物种的划分方式,被安置在越来越具有总括性的分组中。我们必须面对的一个重要问题是,生物学分类**为什么**应该是层级式的。

林奈系统在过去几百年中一直很好地满足了博物学家们的需要,并且一直被沿用至今。在某些方面这令人惊讶,因为在这段时期内生物学理论已经发生了很大改变。现代生物学的奠基石是达尔文的进化论,这一理论认为当代的物种源自远祖物种;这种理论与古老的、《圣经》所启示的观点相冲突,后者认为每一物种都是被上帝独立创造出来的。达尔文的《物种起源》一书于1859年出版,但是直到20世纪中叶,生物学家才开始发问进化论是否应该影响有机体分类的方式。直到20世纪70年代,两个对立的分类学派才出现,这两个学派为该问题提供了竞争性的解答。按照**分支分类学派**的观点，生物学分类应该力图反映物种间的进化关系，所以进化史的知识对于作出好的分类是不可或缺的。但根据**表型分类学派**的观点，情况却不是这样：分类学能够而且应该完全独立于进化方面的考虑因素。第三个派别被称做**进化分类学派**，他们力图把前两者的观点结合起来。

为了理解分支分类学派和表型分类学派之间的争论，我们必须把生物学分类的问题一分为二。第一个问题是如何把有机体划归到种中去，这被称做"物种问题"。这个问题远没有得到解决，但是在实际中生物学家通常能够就如何划定物种的界限达成一致，尽管也有一些很难划界的情况。一般而言，如果有机体相互之间能够杂交繁殖，生物学家就把这些有机体归为同一种，反之，就把它们归为不同种。第二个问题是把一组物种归入到更高级的分类单元中去，这显然预设第一个问题已经有了解决方案。正如所发生的那样，分支分类学派和表型分类学派虽然通常在物种问题上不能达成一致，但是他们之间的争论主要集中在更高级的分类单元上。所以此刻，我们先忽略物种问题——假设有机体已经以一种令人满意的方式被归入所属的种当中去了。问题是：下一步该怎么办？我们要使用什么原则来把这些种划分到更高级的分类单元中去？

为了突出这一问题，我们先来思考下面的例子。人类、黑猩猩、大猩猩、倭黑猩猩、猩猩和长臂猿通常被一起归入类人猿总科。但是狒狒又不算做类人猿，为什么会这样呢？把人类、黑猩猩和大猩猩等放在一组，而又不把狒狒放在该组中，理由是什么呢？表型分类学派的答案是，前一组都共有很多狒狒所没有的特征，例如没有尾巴。按照这种观点，分类学的编组应该基于**相似性**——应该把在重要方面相互类似的物种放在一起，排除不相类似的物种。直观上，这是一种合理的观点。因为它与分类的目的在于传达信息的观念是完全吻合的。如果分类学的分组基于相似性，知道一个特定的有机体属于哪个组就会告诉你很多关于它的可能特征。如果被告知一个给定的有机体属于类人猿总科，你将会知道它没有尾巴。而且，被传统分类学认可的许多分组似乎确实基于相似性。举个明显的例子，植物都具有动物所没有的很多特征，所以从表型分类学派的观点看，把所有植物放在一个界而把所有动物放在另一个界是很合理的。

然而，分支分类学派坚称，分类不该考虑相似性。真正需要的是物种间的进化关系——我们所知的**种系发生**关系。分支分类学派同意狒狒应处于包括了人类、黑猩猩和大猩猩等的类群之外，但是如是判定的理由与物种间的相似和差异无关。真正原因在于，类人猿总科物种之间比它们与狒狒之间关联得更为密切。确切说来，这是什么意思呢？它意味着所有类人猿总科物种都有一个共同的祖先，这一祖先却不是狒狒的。需要注意的是，这并**不是**说类人猿总科物种和狒狒根本没有过共同的祖先。相反，如果在进化的时间上你能够追溯得足够久远，任何两个物种都有一个共同的祖先——地球上的所有生命被认定为有唯一的起源。关键之处在于，类人猿物种与狒狒的共同祖先也是许多其他物种，如各种各样的猕猴种的祖先。所以分支分类学派声称，包括了类人猿总科物种和狒狒的任何分类学类群必须也包括这些其他的物种。任何分类学类群都不能够**仅仅**包括类人猿物种和狒狒。

分支分类学派的核心观点是，所有的分类群，不管是属、科、总科还是其他，都必须是**单系的**。单系类群包括一个祖先物种和所有它的后代，但是不包括其他任何物种。单系类群大小各不一样。在一极是所有曾经存在的物种形成一个单源类群，假定地球上的生命只有过一次起源。在另一极是只有两个物种的单系类群——如果它们是一个共同的祖先仅有的后代。只包括类人猿总科物种和狒狒在内的类群不是单系的，因为正如我们所看到的，类人猿总科物种和狒狒的共同祖先也是猕猴的祖先。所以按照分支分类学派的观点，它就不是一个真正的分类群。不管类群的成员有多么简单，只要该类群不是单系的，它就不允许出现在分支分类学的分类中。因为分支分类学派认为，与"自然"的单系类群相比，这种分组完全是人为的。

单系的概念通过图形很容易理解。且看下图（图14）——通常称为**进化树**，该图表示了六个同期的物种（A—F）间的种系发生关系。如果我们在时间上回溯得足够久远，这六个物种都有一个共同的祖先，但是一些物种比其他物种间联系得更为紧密。物种E和F有一个非常近的共同祖先——它们的分支在相当近的过去相交过。相反，物种A与其余物种的后代在很久之前就分道扬镳了。现在来看 {D、E、F} 这一组。它是一个单系类群，因为它包含且只包含了所有只属于一个（未命名的）祖先物种的后代，在

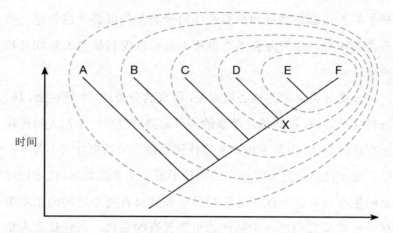

图14 表示六个同期物种间的种系发生关系的进化树

节点"X"，这一物种分为两支。{C、D、E、F}组同样也是一个单系类群，{B、C、D、E、F}组也是一样。但{B、C、D、F}组却不是单系类群。原因在于，这四个物种的共同祖先也是物种E的祖先。图中所有单系类群都是环状的；任何其他的物种类群都不是单系的。

分支分类学派与表型分类学派间的争论绝不纯粹是理论上的——有很多他们之间有分歧的实际案例。一个著名的例子是关于爬行纲或者爬行动物的。传统的林奈分类学认为蜥蜴和鳄鱼属于爬行纲，但把鸟排除在爬行纲之外而归入一个单独的鸟纲中。表型分类学派赞成这一传统分类，因为鸟有其独特的，不同于蜥蜴、鳄鱼和其他爬行动物的身体结构和生理机能。但是分支分类学派主张爬行纲根本不是一个真正的分类群，因为它不是单系的。如下图进化树（图15）所示，蜥蜴和鳄鱼的共同祖先也是鸟的祖先；所以把蜥蜴和鳄鱼放在一个把鸟排除在外的类群中违

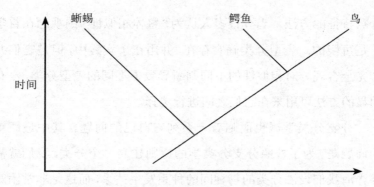

图 15　表示蜥蜴、鳄鱼和鸟之间的种系发生关系的进化树

背了单系性要求。分支分类学派因此建议放弃传统的分类习惯：
生物学家根本不应该谈论爬行纲，它是一个人造的而非自然的类
群。这是一个非常极端的建议，即使那些赞同分支分类学精神的
生物学家，通常都不愿意放弃被博物学家们很好地使用了几个世
纪的传统分类范畴。

　　分支分类学派坚持认为，自己的分类方法是"客观的"而表
型分类学派的方法不是。这一指责当然有正确之处。因为表型
分类学派把物种间的相似性作为分类的基础，而对相似性的判断
总会部分地含有主观成分。任何两个物种在一些方面都有相似
之处，而在另一些方面不相似。例如，两个昆虫物种可能在身体
结构上非常相似，但在摄食习惯上非常不同。那么，为了判断相
似性，我们该选择哪些"方面"呢？表型分类学派希望通过定义
一种"整体相似性"的标准来避免这一问题，这种标准将考虑一
个物种的所有特征，这样就有可能建立起完全客观的分类。尽管
这一想法听起来很好，但是它却不可行，主要是因为没有明显的

计算特征的方法。当今很多人认为"整体相似性"的观念在哲学上是可疑的。表型分类确实存在，并用在了实践中，但是它们并非完全客观。对相似性的不同判断导致了不同的表型分类，没有明显的方法可用来在它们之间进行选择。

分支分类学派也面临着一系列它自己的问题。其中最严重的问题是，为了按照分支分类学的原则建立一个分类，我们就需要弄清我们设法分类的物种间的种系发生关系，而这是非常困难的。仅通过观察这些物种显然不能弄清这些关系——它们只能通过推理得出。现在已经提出了多种推导种系发生关系的方法，但是它们还不十分完善。实际上，随着分子遗传学提出越来越多的证据，物种间种系发生关系的设想很快被推翻了。所以真正把分支分类学的思想付诸实践是不容易的。在分类系统中只承认物种的单系类群当然省事，但是如果不知道一个给定的类群是不**是**单系的，这种方法用途就很有限。实质上，进化分类构建了关于物种间种系发生关系的假设，因而本来就是推测性的。表型分类学派反对性地认为分类不应该在这方面有理论负荷。他们认为分类系统应该先于而非取决于对进化历史的推测。

尽管将分支分类学付诸实践存在着困难，并且分支分类学派在实际中常常建议对传统分类范畴进行相当根本性的修正，还是有越来越多的生物学家正转向这种分支分类学的观点。这主要是因为，分支分类学排除了表型和其他分类法所具有的模糊性——它的分类原则尽管很难付诸实施，却非常清晰。并且，关于这一观点，即物种的单系类群是"自然的单元"而其他类群却不是，有一些非常直观的东西。此外，分支分类学还为生物学分类为什么应该是有层次的提供了真正的理由。如上面图15所示，单系类群总是处在彼此的内部，如果严格遵循单系性要求，分类的结果就自然而然有层次。立足于相似性的分类方式也会引出层级式分类，但表型分类学家对于**为什么**生物学分类应该有层次却没有提供类似的解释。非常惊人的是，博物学家几百年前就已开始对有机生物进行层级式分类，但是如此分类的真正原因直到最近才弄清楚。

意识是模块性的吗？

　　心理学的一个主要工作是理解人类如何执行他们的认知任务。"认知任务"并不仅仅指解纵横字谜之类的事情，也指安全地过马路、理解他人所说的话、辨认他人的面容以及在商店里核对找零之类的普通任务。不能否认，人类非常擅长完成其中的许多任务——如此擅长以至于我们通常做得很快，几乎不伴随有意识的思考。为了认识这一点有多么不寻常，让我们来考虑一个事实，即不管付出多大的努力和代价，机器人从来都没有被设计成哪怕只有一点点像人类在真实生活情境中那样行动。没有机器人能够像人类普通的一员那样机敏地解纵横字谜，或者参与一场对话。不知为何，人类能够最轻松地完成复杂的认知任务。我们所知的认知心理学，其主要解释目标就在于设法理解这是如何可能的。

　　我们所关注的焦点是在认知心理学家中由来已久且不曾间断的一个争论，它所涉及的是人类意识的建构。一种观点认为，人类意识是个"万能解题器"。这意味着意识中有一套通用的解题技巧，或"通用智能"，意识把它们运用于无限多的认知任务上。所以不管人们是在数弹子，决定去哪家饭馆吃饭，还是在努力学一门外语，所使用的都是同一套认知能力——这些认知任务代表了人类通用智能的不同应用。与此相对的另一种观点则认为，人类意识中包含大量专门的子系统或模块，每一种都是被设计用来执行非常有限的一类任务而不能执行其他任务（见图16）。这被称做**意识的模块性**假说。例如，人们普遍相信有一个特殊的语言习得模块，这一观点源自语言学家诺姆·乔姆斯基。乔姆斯基认为，儿童并不是通过听取成人的谈话后用他们的"通用智能"来找出所说语言的规则；而是在人类儿童中有一种独特的、自行运转的"语言习得机制"，它唯一的功能是，在适当刺激的情形下，让他或她学会语言。乔姆斯基为此论断提供了一系列给人深刻印象的证据——例如，甚至那些只有很低的"通用智能"的人通常也能通过学习把语言说得非常好。

模块性假说的一些最有说服力的证据来自对脑损伤病人的研究，这种研究也被称为"缺陷研究"。如果人类心灵是万能解题器，我们就能预知，脑损伤会大致同等地影响所有认知能力。现实却并非如此。相反，脑损伤通常削弱某些认知能力而不伤及其他认知能力。例如，脑部"韦尼克区"受损会使得病人不能理解言语，尽管他们仍然能够说出流畅的、符合语法的句子。这就强烈地表明，句子的生成和理解有独立的模块——这样就能解释为什么丧失了后一种能力并不必然引起前一种能力的丧失。另

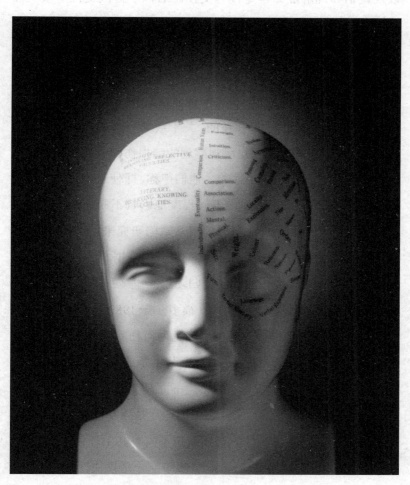

图 16　一种假设性的模块性意识示意图

外一些脑损伤的病人失去了长期记忆（遗忘症），但是短期记忆以及说话和理解能力丝毫没有受损。这似乎再次支持了模块性观点而反驳了把意识看成万能解题器的观点。

这种神经心理学上的证据尽管很有说服力，却没有一劳永逸地解决模块性的问题。一方面，这种证据比较稀少——显然不能只是为了了解认知能力受影响的状况而随意损坏人脑。另一方面，正如在科学中通常存在的，关于数据应该如何解释存在着严重的分歧。一些人认为，所观察到的脑损伤病人的认知障碍模式并不意味着意识是模块性的。他们声称，即使意识是万能解题器，即不是模块性的，脑损伤不同程度地影响不同的认知能力仍然是可能的。所以他们主张不能仅从缺陷研究来"轻率判断"意识的结构，这种研究最多只能提供有瑕疵的证据。

最近许多对模块性的关注要归功于杰里·福多尔，一位有影响力的美国哲学家和心理学家。福多尔于1983年出版了《意识的模块性》一书，该书既有对模块究竟为何物的非常清晰的论述，也有对哪些认知能力是模块性的、哪些不是的有趣假设。福多尔认为大脑模块有大量突出的特征，下面是其中最重要的三个特征：(i)它们是**领域化的**；(ii)它们的运行是**强制性的**；(iii)它们是**信息分隔的**。非模块性的认知系统不具有其中任何一个特征。福多尔接着主张，人类意识虽非全部却部分是模块性的：有些认知任务我们用专门的模块来解决，有些任务我们用"通用智能"来解决。

说一个认知系统是领域化的，就是说它是专门化的：它负责一组有限的、精确划定的任务。乔姆斯基所假定的"语言习得机制"就是领域化系统的一个很好的例子。这种机制的唯一功能就是使儿童学会语言——它并不帮儿童学会下棋、数数或者做其他任何事。所以这种机制完全忽略非语言性的输入。说一个认知系统是强制性的，就是说我们不能选择是否让该系统运作。语言的感知是一个很好的例子。如果你听到一句用你所通晓的语言说出的句子，你就不得不把它听成是说出了一个句子。如果有人要你把该句听成"纯粹的噪声"，不论如何努力，你都无法做到。福多尔指出，并非所有认知过程在这方面都是强制性的。**思维**明显就不是这样。如果有人让你回想生命中最恐惧的时刻，或者让你想象中了彩票后最想做的事，你明显能够照做。所以思维和语言感知在这方面非常不同。

信息分隔，即心理模块的第三个也是最重要的特征，又是怎样的呢？有个例子能最好地解释这一概念。观察一下图17中的两条线。

上面的那条线在多数人看来要比底下的那条长一点。但实际上这是一种视觉上的错觉，称做米勒-利耶尔错觉。实际上这

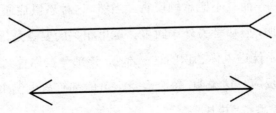

图17　米勒-利耶尔错觉。两条横线在长度上是相等的，但是上面的那条看起来更长

两条线一样长。对于为什么上面那条线看起来更长,有着多种解释,这些解释并不是我们在此要关注的。这里的关键在于:**即使知道它是一种视觉错觉**,这两条线看起来仍然不一样长。在福多尔看来,这一简单的事实对于理解意识结构有着重要的启发。它表明,关于两条线不一样长的信息已被存储在认知意识的一块区域中,这块区域是我们的感知机制所不能达到的。这就意味着我们的感知机制是信息分隔的——它们不能获得我们拥有的所有信息。如果视觉感知不是以这种方式被信息分隔,而是能够使用我们存储在意识中的所有信息,那么只要被告知这两条线实际上一样长,这种错觉就会消失。

信息分隔的另外一个可能的例子来自人类恐惧症的现象。拿恐蛇症,或者说对蛇的恐惧的例子来说,这种恐惧症在人类中非常普遍,在许多其他的灵长类动物中亦然。这容易理解,因为蛇对于灵长类动物来说非常危险,所以通过自然选择,就很容易进化出对蛇的本能恐惧。但是不管对我们为什么这么怕蛇如何进行解释,关键之处仍在于下面这一点:即使你知道特定的一种蛇没有危险性,例如已经知道它的毒腺已被除去,你仍然很可能害怕这条蛇,而且不愿意触摸它。当然,这种恐惧症通常能通过训练来克服,但那是另外一回事。这里相关的要点是,该蛇不危险的信息不能进入你意识的这一部分,该部分在你看到蛇时会引起害怕的反应。这说明,每个人身上可能都有与生俱来的、信息分隔式的"恐蛇"模块。

你也许想知道为什么意识的模块性问题在根本上是一个哲

学问题。意识是否是模块性的,这是否真的只是个经验事实的问题,尽管不容易回答? 实际上这种说法不是很正确。模块性争论在一个方面是哲学性的,该方面关系到我们该怎么看待认知任务和认知模块。赞成模块性的人认为意识包含执行不同认知任务的特定模块;反对模块性的人否定这一点。但是我们如何判定两个认知任务是同一类还是不同类呢? 脸部识别是单一的认知任务还是由两个不同的认知任务构成的:识别男性的脸和识别女性的脸? 做长除法和乘法是不同的认知任务,还是都是更一般的算术运算任务的一部分? 这类问题是概念上的,或者说是哲学上的,而不是直接经验上的,它们对于模块性争论可能非常重要。假设模块性的一位反对者提出了一些实验性证据,表明我们仅使用同一套认知能力来执行许多不同类型的认知任务。她的反对者可能会接受这些实验性数据,但是同时声称,相关认知任务都是同一类型的,因此这些数据完全与模块性相符合。所以尽管乍看起来不然,意识的模块性争论还是深陷在哲学争论中。

最热衷地赞成模块性的人相信意识完全由模块构成,但是这种观点并不被广泛接受。福多尔本人也认为,感知和语言很可能是模块性的,但思想和推理几乎肯定不是。为什么不是? 假设你正参加陪审团,在决定是宣告有罪还是无罪裁决。你将怎样处理这一任务? 你会考虑的一个重要的问题是,被告的陈述在逻辑上是否一致——是否没有矛盾。你可能会问自己,现有的证据是否刚好与被告的罪行相符,或者是否很强地支持了罪行的成立。显然你在此所用的推理技巧——检查逻辑一致性和评估证据——

是**通用的**技巧；它们不是专门设计出来用于陪审团的。你在许多领域都使用这些技巧。所以你在仔细考虑被告的罪行时所运用的认知能力不是领域化的。同样它们的运用也不是强制性的——你必须有意识地思考被告是否有罪，并且能够在任何你想要停止的时刻，例如在午休时间，停止这种思考。最重要的是，这里同样也没有信息分隔。你的任务是**全面考虑**，决定被告是否有罪，所以你也许必须运用所拥有的任何背景信息，只要你认为相关。例如，如果被告在审问之下紧张痉挛，并且你相信紧张的痉挛总是有罪的一种标志，你就可能会利用这一信念来作出裁决。所以这里没有信息的储存，它是你用来作出裁决的认知机制所不能通达的（尽管法官可能会提醒你忽视某些事情）。简言之，这里不存在决定一名被告是否有罪的模块。你是用"通用智能"解决这一认知问题的。

福多尔的命题，即意识尽管不是全部但部分是模块性的，这样看来便十分合理。但是确切说来有多少模块、这些模块具体负责什么，在当前的研究状况下还是无法回答。福多尔本人对认知心理学解释人类意识运作方式的可能性非常悲观。他坚信，只有对模块性的系统才能被科学地研究——非模块性系统因并非信息分隔的而更难以做出模型。所以在福多尔看来，认知心理学家最好的研究策略是关注感知和语言，而不管思维和推理。但是福多尔思想的这个方面颇具争议。并非所有心理学家在意识的哪些部分是模块性的，哪些不是的问题上都同意他的观点，也并非所有心理学家都赞同，只有模块性的系统能够被科学地研究。

第七章

科学和科学批评者

　　由于显而易见的原因,许多人理所当然地认为科学是好的。毕竟,科学给我们带来了电力、安全的饮用水、盘尼西林、避孕方法、空中旅行,等等——所有的这些毫无疑问都已经使人类获益。但是除了这些对人类幸福的重要贡献之外,科学也受到了批评。一些人认为,社会以牺牲文化艺术为代价在科学上投入了过多的金钱;另一些人认为,科学赋予了我们在不拥有的情形下反而会过得更好的技术能力,诸如制造大规模杀伤性武器的能力(见图18)。某些女权主义者则认为科学是令人讨厌的,因为它内在地具有男子主义的偏见;那些具有宗教信仰的人经常感到科学威胁着他们的信仰;人类学家谴责西方科学自负,理由是它漫不经心地认为自己凌驾于全世界各地本土文化的知识和信仰之上。这绝没有穷尽科学所遭受的所有批评,然而在本章中我们只关注三种具有特殊哲学意义的批评。

科学主义

　　当今时代,"科学"和"科学的"这两个词已经获得了空前的威望。如果有人指责你行为"不科学",他们几乎肯定是在批评

图18　如果没有科学的能力我们会过得更好：一次原子弹爆炸产生的有毒蘑菇云

你。科学的行为是明智、理性并且值得赞扬的；不科学的行为是愚蠢、非理性并且应该被鄙视的。很难去知晓为什么"科学的"这个标签获得了这些内涵，它有可能与科学在现代社会中所取得的崇高地位有关系。社会视科学家为专家，在重要的问题上请教他们，并且他们的绝大多数观点被毫无疑问地接受下来。当然，每一个人都意识到科学家有时也会犯错——例如，20世纪90年代英国政府的科学顾问宣称"疯牛病"不会威胁人类，这恰恰悲剧性地被证明是错误的。但是这种偶然的失误并不会动摇公众对于科学的信念，也不会削弱科学家们所获得的尊重。至少在西方，科学家被看成是与过去的宗教领袖一样：凡夫俗子无法获得的专门知识的拥有者。

　　"科学主义"是一个带有贬义的标签，被一些哲学家用来描述他们眼中的科学崇拜——在许多知识领域发现的对于科学过于尊敬的态度。科学主义的反对者们认为，科学并不是知识探索的唯一有效形式，也不是通往知识的独一无二的优先通道。他们经常强调他们并不是反对科学**本身**，他们反对的是在现代社会中科学，尤其是自然科学所拥有的特权地位，以及科学方法必然能够适用于每一个学科的设想。所以他们的目的不是攻击科学而是摆正它的位置——表明科学仅是同等事物中的一种，并且把其他学科从可能凌驾于它们之上的科学专制中解放出来。

科学主义显然是一种相当模糊的说法，并且由于这一术语事实上已被滥用，几乎任何人都不会承认相信它。尽管如此，同科学崇拜颇类似的情形却是知识领域的一个真实情况。这并不必然是一件坏事——也许科学就应该受到崇拜。但是它确实是一个真实的现象。经常被谴责存在科学崇拜的一个领域是当代英美哲学（科学哲学仅是其一个分支）。在传统的意义上，尽管与数学和科学有紧密的历史联系，哲学仍被认为是人文学科，并且这个观点有很好的理由。因为哲学所探讨的问题包括知识、道德、理性、人类幸福等的本质，它们中任何一个看起来都不能用科学的方法去解决。科学的任何一个分支都不会告诉我们应该如何生活、知识是什么或人类的幸福包含着什么；这些都是经典的哲学问题。

尽管明显不可能通过科学回答哲学的问题，相当多的当代哲学家却坚信科学是获得知识的唯一正当途径。他们认为，不能用科学方式解决的问题根本不是真正的问题。这种观点经常和最近去世的维拉德·范·奥曼·奎因联系在一起，他可能是美国20世纪最重要的哲学家。这种观点的根据在于一个名为"自然主义"的学说，该学说强调我们人类是自然界的主要部分，而不是如人们以前所认为的那样与其相分离。既然科学研究的是整个自然界，它是否必然有能力揭示出关于人类状况的全部真理，不会把任何东西留待哲学去揭示？这种观点的拥护者有时补充说，科学毫无疑问不断进步，然而哲学却好像连续数个世纪讨论同一些问题。在这种观念下，并不存在明显属于哲学的知识，所有的知识都是科学知识。至于哲学独一无二的角色，就是"澄清科学概念"——清理好（工具）以便科学家能够继续进行研究。

意料之中，许多哲学家反对使他们的学科臣服于科学；这是反对科学主义的主要来源之一。他们认为，哲学探究揭示的真理是科学无法企及的。哲学问题不能通过科学的方式来解决，这无异于表明：科学不是获得真理的唯一途径。这种观点的支持者承认，在不提出与科学教给我们的东西相矛盾的观点的意义上，哲学应该努力同科学保持**一致**。并且他们承认，科学应该受到极大尊重。他们所反对的是科学帝国主义——认为科学有能力回答所有的关于人类及其在自然中所处位置的重要问题。这种观点的倡导者通常也把自己看做自然主义者。他们通常不认为人类在某种程度上处于自然秩序之外，因而不是科学研究的对象。他们认为我们仅仅是另外一个生物种类，我们的身体最终都是由物理微粒构成的，正如宇宙中的一切。但是他们否认这意味着科学方法适合解释每一个人们感兴趣的问题。

围绕着自然科学与社会科学的关系，产生了一个类似的争论。正如哲学家有时抱怨他们学科中的"科学崇拜"那样，社会科学家有时也抱怨自己学科中的"自然科学崇拜"。毫无疑问自然科学——物理学、化学、生物学等——比社会科学——经济学、社会学、人类学等——发展得更为成熟。许多人对于这种状况迷惑不解。如果说是因为自然科学家比社会科学家更聪明，这几乎是不可能的。一个可能的答案是，自然科学的**方法**优于社会科学的方法。如果这种回答是正确的，社会科学为了赶上自然科学所需要做的就将是模仿自然科学的方法。在某种程度上，这种情况确实已经发生了。在社会科学中越来越多地使用数学，也许在某种程度上是这种观点的一个结果。当伽利略开始运用数学语言来描述运动时，物理学产生了一个巨大的飞跃；因此，人们很容易认为，只要能找到对社会科学的主题进行"数学化"的类似方法，社会科学领域就能实现类似的飞跃。

　　但是，一些社会科学强烈拒绝这种主张，即他们应该以这种方式仰望自然科学，正如某些哲学家强烈地拒绝仰望作为一个整体的科学。他们认为，自然科学的方法并不必然适用于研究社会现象。例如，在天文学上有用的同一种技术方法为什么对于研究社会具有同等的用处？持这种观点的那些人否认自然科学研究的日趋成熟可以归功于他们采用的独特探究方法，因此看不到任何理由应该把那些方法延伸到社会科学领域。他们经常指出，社会科学比自然科学年轻，社会现象的复杂本质使得成功的社会科学研究难以实现。

关于自然科学和社会科学地位等同的争议以及科学主义的争议都不容易解决。部分是因为"科学方法"或者"自然科学方法"的确切内容远不够清晰——这一点经常被争论的双方忽略。如果我们想知道科学的方法是否可以应用于每一个学科，或者说它们是否有能力回答每一个重要的问题，我们显然需要知道那些方法确切**是**什么。但是正如我们在前面章节所看到的，这远远不如看上去那样简单。我们当然知道科学探究的一些主要特征：归纳、实验验证、观察、理论建构、最佳解释推论，等等。但是这一清单并没有为"科学方法"提供一个精确的定义。这样一个定义是否**能够**被提出，也并不清楚。科学发展日新月异，设想存在着一种被所有科学学科一直使用的固定不变的"科学方法"，这远非理所当然。但是这种设想既包含在科学是获得知识的一条正确路径的观点中，**也**包含在相反的观点之中，即有些问题不能通过科学方法来解答。这就表明，至少在某种程度上，关于科学主义的争论可能在前提上就错了。

科学和宗教

科学和宗教之间的紧张由来已久，留下了大量记录。也许最著名的案例要算伽利略和天主教的冲突。1633 年宗教裁判所强迫伽利略公开放弃哥白尼的学说，并且判罚他终生软禁于佛罗伦萨。天主教拒绝接受哥白尼的学说，当然是因为它与《圣经》相抵触。当代，在美国科学和宗教最显著的冲突是达尔文主义者和神创论者之间的激烈争论，这正是本节所要关注的。

达尔文进化论受到神学上的反对并不是什么新鲜的事。1859年发表之时，《物种起源》就立即受到了来自英国教会人士的批判。原因很明显：达尔文的理论认为所有现存的物种，包括人类，都是从共同的祖先经过一个漫长的时间演变而来的。这种理论显然与《圣经·创世记》矛盾，《圣经》上说上帝用六天的时间创造了所有的生物。所以抉择看起来是赤裸裸的：要么相信达尔文，要么相信《圣经》，但是不能二者都相信。尽管如此，许多忠于达尔文学派的人士已经找到方法来调和他们的基督教信仰和他们对于进化论的信念——其中包括许多杰出的生物学家。一个途径是，干脆不要对于冲突思考太多。另一个在理智上更为诚实的途径是，指出《圣经》不应该从字面上解释——它应该被看做是寓言性的或者象征性的。因为毕竟，达尔文的理论与上帝的存在以及基督教的其他许多教义具有相当的兼容性。达尔文主义排除的仅仅是《圣经》创世故事的表面事实。因此一种适当缩减的基督教教义就可与达尔文主义相容。

但是，在美国，特别是南部诸州，许多福音派的新教徒一直不愿改变宗教信仰来适应科学发现。他们坚持认为《圣经》的创世解释正确无误，达尔文的进化论是完全错误的。这种观点被称为"神创论"，美国约有40%的成年人接受，远远大于英国和欧洲大陆的比例。神创论具有强大的政治力量，并且令科学家们非常沮丧的是，它对于美国中小学的生物学教学产生了重要影响。20世纪20年代著名的"猴子审判"一案中，一位田纳西州的教师由于向学生教授进化论被判违反了州法。（这一法律最终在1967年被联邦最高法院推翻。）部分由于"猴子审判"，进化论的课程完全从美国高中的生物学科目中取消了数十年。美国的几代成年人都是在对达尔文一无所知的情况下长大的。

20世纪60年代，情况发生了改变，神创论者与达尔文主义者之间又起争执，并且引发了被称为"神创科学"的运动。神创论者想要中学生完全按照《创世记》中所讲的那样学习《圣经》的神创故事。但是美国宪法禁止在公立学校里教授宗教知识。神创科学的概念正是为了绕过这一点。它的发明者认为，《圣经》中创世的解释为地球上的生命提供了一个比达尔文进化论更科学的解释。所以教授《圣经》的创世说并不违反宪法的禁令，因为它是作为科学而不是宗教讲授的！在整个南方腹地，产生了在生物学课堂上讲授神创科学的要求，这些要求常能受到关注。1981年阿肯色州通过了一部法律，要求生物学老师给予神创科学和进化论"等同的授课时间"，其他的州也相继效仿。尽管阿肯色州的这一法律在1982年被一位联邦法官判定为违宪，但是一直到今天给予"等同的授课时间"的呼声仍然可以听到。它经常被称为一项公平的妥协——面对两套矛盾的信仰，还能有什么比给予每一套信仰等同的时间更公平的呢？民意调查显示，绝大多数的美国成年人都赞同：他们希望神创科学在公立学校中与进化论同样得到讲授。

但是，实际上所有的职业生物学家都把神创科学看做是一个借口——一种在科学的伪装下推行宗教信仰的不诚实且不正确的企图，最终会带来极其有害的教育后果。为了与这种反对意见抗衡，神创论科学家们已经付出巨大努力来削弱达尔文主义。他们认为达尔文主义的证据非常苍白，所以达尔文主义不是已成立的事实，而仅仅是一个理论。另外，他们还关注到了达尔文学派内部的各种分歧，对于个别生物学家的一些不谨慎言论进行挑剔，以显示对于进化论的不同意见在科学上是可敬的。他们得出的结论是，既然达尔文主义"仅是一个理论"，学生就应该接触到其他的不同理论——诸如上帝六天创世的神创论。

在某种程度上，神创论者指出达尔文主义"仅仅是一个理论"而非被证明的事实是完全正确的。如我们在第二章所了解的，在严格意义上，**证明**一个科学理论正确是永远不可能的，因为从数据到理论的推论总是非演绎性的。但这只是一个普遍性的观点——它和进化论**本身**毫无关系。出于同样的原因，我们可以认为地球围绕太阳运转、水是由 H_2O 组成的，或者没有支撑的物体将会掉落等也"仅仅是一个理论"，因此这些理论的对立观点学生都应该能接触到。但是神创论科学家并不这么认为。他们怀疑的不是整体意义上的科学，而是特殊意义上的进化论。所以他们的立场要站得住脚，就不能简单地诉诸数据资料并不保证达尔文理论的正确性这种观点。因为每一个科学理论都是如此，事实上大多数常识信念也是。

客观地说，神创论科学家们的确提供了关于进化论的独特观点。他们最偏爱的一个观点是，化石记录非常不完全，特别是关于推想的**智人**祖先的。这一指责中有一些正确的成分。进化论者们很长时间都困惑于化石记录上的代际差距。一个一直以来的困惑是：为什么只有那么少的"过渡化石"——两个物种之间中介的生物化石。如果按照达尔文理论的断言，较晚的物种由较以前的物种进化而来，我们就一定可以期待过渡化石非常普遍吗？神创论者利用这种困惑来表明，达尔文的理论恰恰是错误的。但是神创论者的论证并没有说服力，尽管在理解化石记录的问题上确实存在困难。因为化石并不是唯一的，或者不是主要的进化论证据来源，神创论者如果读过《物种起源》，就会了解这一点。比较解剖学是另外一个重要的证据来源，胚胎学、生物地理学和遗传学也是。例如，来看一个事实：人类和黑猩猩有98%的DNA是相同的。如果进化论是正确的，这种以及成千上万种类似的事实就会变得非常有意义，并且由此成为支持进化论的极好证据。当然，神创论科学家也可以解释这样的事实。他们可以声称：上帝出于**他**自己的原因，决定使人类和黑猩猩在基因上相似。然而，给出这种"解释"的可能性的确正好指出了一个事实：达尔文的理论在逻辑上并非必然能由数据推出的。正如我们已经了解的，每一种科学理论都面临着这样的问题。神创论者仅仅强调了普遍的方法论观点，即数据总是能够通过多种方式得到解释。这一观点是正确的，但是并没有表明什么是与达尔文主义特别相关的。

尽管神创论科学家的观点普遍没有根据，但是神创论者/达尔文主义者之间的争议确实提出了关于科学教育的重要问题。在世俗的教育体系中应该如何处理科学和信仰之间的冲突？应该由谁来决定中学科学课堂的内容？纳税人对于靠税收支持的学校所教授的内容有发言权吗？不想让孩子接受进化论或者其他科学内容的父母应该遭到国家的否定吗？诸如此类的公共政策事务通常很少得到讨论，但是达尔文主义者和神创论者之间的冲突却把它们推到了聚光灯之下。

科学是价值无涉的吗？

几乎每个人都会同意，科学知识有时被用在了不道德的目的上——例如用于制造核武器、生物武器和化学武器。但是这些例子并不表明科学知识本身在伦理道德上应该遭到反对。不道德的是知识的**使用**。事实上，很多哲学家会说关于科学或科学知识**本身**是道德还是不道德的讨论是没有意义的。科学所涉及的是事实，而事实本身是没有伦理意义的。有对错之分以及道德和不道德差别的是我们对这些事实的所作所为。以这种观点来看，科学本质上是**价值无涉**的活动——科学的任务仅在于提供关于世界的信息。社会愿意用这种信息来做什么是另一回事。

并非所有哲学家都承认科学在价值问题上是中立的，也不承认这种主张所依据的事实和价值二分法。一些哲学家声称价值中立的理想是不可能达到的——科学探究总是渗透了价值判断。（这与第四章中所讨论的所有观察都负荷了理论的观点相类似。实际上，这两个观点通常是关联在一起的。）反驳价值无涉科学之可能性的一个观点来自这样一个明显的事实，即科学家必须选择研究什么——不能同时研究所有事物。所以必须判断可能研究的不同对象间的相对重要性，在弱的意义上说，这就是价值判断。

另外一个反驳观点源于诸君现在应该已经熟知的一个事实，即任何一组数据原则上都可以用一种以上的方式来解释。这样，科学家的理论选择就绝不会单由数据来决定。一些哲学家用这一点来表明，价值是不可避免地包含在理论选择中的，因此科学不可能是价值无涉的。第三个反驳观点是，科学知识不能如价值中立所要求的那样与它的预期应用脱离开来。以此观点来看，把科学家描绘成不考虑研究的实际应用而无私地为了研究而研究是很天真的。当今的许多科学研究都是由私营企业资助的，这些私营企业明显拥有既得的商业利益——这一事实为该观点提供了一些证据。

这些观点虽然有趣，却都有些抽象——它们试图表明科学在原则上不可能价值无涉，却没有指出价值介入科学的实际案例。但是，对价值负荷的个案指责也已经出现。其中一个例子与被称为人类社会生物学的学科相关，该学科在20世纪70年代和80年代引起了大量的争论。人类社会生物学试图把达尔文理论的原理应用到人类行为上。这种方案乍一看来非常合理。因为人类只是动物的一个物种，并且生物学家承认达尔文理论能够解释大量的动物行为。例如，对于为什么老鼠在看到猫时通常会逃走，达尔文主义就有很清楚的解释。过去，不逃走的老鼠比逃走的老鼠往往留下更少的后代，因为它们被猫吃了；假设这种行为是基于基因的，并因而从上代传到下代，许多代以后这种逃跑行为就会遍及该物种。这就解释了为什么现在的老鼠要避开猫。这种解释就是所谓的"达尔文主义的"或"适应主义的"解释。

人类社会生物学家（以下简称"社会生物学家"）坚信，人类的许多行为特征都可以给出适应主义的解释。他们最喜欢的一个例子是乱伦回避。乱伦——或者同一家庭成员间的性关系——在几乎每个人类社会中都被视为禁忌，并且在多数社会中都要受到法律和道德的制裁。这一事实非常令人惊讶，因为整个人类社会中有关性的风俗习惯极为不同。为什么要禁止乱伦？社会生物学家作出了以下解释：通过乱伦关系生出的孩子通常有严重的基因缺陷。所以在过去，那些乱伦的人比不乱伦的人往往留下更少的能够存活下来的后代。假设乱伦回避行为是基于基因的，并因而从上代传到下代，那么许多代以后这种回避行为就会遍及人类。这就解释了为什么在现今的人类社会中极少能发现乱伦现象。

很容易理解，许多人对这种解释感到不安。因为，社会生物学家实际上在说我们回避乱伦是在基因上就被先天决定了的。这有悖于我们的常识观点，即回避乱伦是因为我们被告知这是错误的，也就是说我们的行为具有文化上而非生物学上的解释。回避乱伦实际上属于少有争议的例子之一。社会生物学家作出适应主义解释的其他行为包括强奸、侵犯、仇外和男性乱交。在每个例子中，他们都采用了相同的论证：没有这种行为的个体繁殖能力超过有这种行为的个体，有无该行为是基于基因的，所以回避就从上代传到了下代。当然，并非所有人都是有侵犯性的、仇外的或者是强奸过他人的。但是这并不表明社会生物学家是错的。因为他们的论证仅要求这些行为有基因成分，即存在着某种或某些这样的基因,它们能提高基因携带者作出这些行为的概率。这比说行为完全由基因决定(这种说法几乎肯定是错的)措辞要弱得多。换言之,社会生物学的描述是要解释,为什么人类之中有人有侵犯、仇外和强奸的**倾向**——尽管这些倾向很少表现出来。所以侵犯、仇外和强奸(谢天谢地)非常少见这一事实,本身并不证明社会生物学家是错的。

社会生物学遭到了来自众多领域的学者的强烈批判。其中一些是严格科学意义上的。批判指出社会生物学的假设极难检验,因而应被视做有趣的猜测,而不是确定的真理。然而其他批判反对得更为根本,认为整个社会生物学的研究纲领在思想意识上都令人怀疑。他们把它看做是试图为通常由男性作出的反社会行为辩护或开脱。例如,通过论证强奸有基因成分,社会生物学家意指强奸是"自然的",因而强奸者对自己的行为并不真正负有责任——他们只是服从了基因冲动。社会生物学家似乎在说:"如果强奸行为责任在于基因,我们又怎能谴责强奸者呢?"仇外和男性乱交的社会生物学解释被看做是同样有害的。他们似乎在暗示,种族歧视和婚姻不忠之类被多数人视为不良行为的现象,是自然的和不可避免的——是基因遗传的产物。简言之,批评者指责社会生物学是负荷了价值的科学,并且它负荷的价值非常成问题。或许不足为奇的是,这些批评者中有许多女权主义者和社会科学家。

对于这种指责的一个可能的回应是坚持事实与价值的区分。以强奸为例,按推测来看,或者有一种使男人倾向于强奸的、通过自然选择而扩散开来的基因，或者没有这样一种基因。这是一个纯科学事实的问题，尽管是个不易解答的问题。然而事实是一回事，价值又是另外一回事。即使存在这样一种基因，它也并不能使强奸可被原谅或可被接受。它同样不会使强奸者为他们的行为少负责任，因为没有人认为这种基因能真正地**迫使**男性去强奸。至多，这种基因会预先使男人倾向于强奸，但是天生的倾向性能够通过文化的教化来克服，并且每个人都被教导强奸是错的。这同样可应用到仇外、侵犯和乱交上。即使这些行为的社会生物学解释是正确的，它对于我们管理社会或者任何其他的政治或伦理事务也没有意义。伦理学不能从科学推导出来。所以关于社会生物学，没有什么在思想意识上要受质疑。与所有科学一样，它仅仅试图告诉我们关于世界的事实。有时事实令人不安，但我们必须学会接受。

如果这种回应是正确的，它就意味着我们应该严格区分对于社会生物学的"科学的"反驳与"思想意识上的"反驳。尽管这听起来合理，但是有一点却没有提及：社会生物学的倡导者在政治上倾向于右翼，而它的批评者往往是政治上的左翼分子。对于这一归纳，有很多例外，尤其是前者，但是几乎没有人会否认这一总的倾向。如果社会生物学只不过是对事实的一种没有偏见的探究，这种倾向又作何解释？为什么在政治观点和对社会生物学的看法之间会有关联？这是一个非常棘手的问题。因为尽管一些社会生物学家或许具有隐藏的政治目的，并且其批判者有属于自己的相对立的政治主张，但是这种关联甚至延伸到了那些用明显的科学术语争论问题的人那里。这表明，尽管没有证明，"思想意识上的"与"科学的"问题也许不那么容易彻底分开。所以，社会生物学是否价值无涉的问题要比原来所想象的复杂。

　　总而言之，像科学这样在现代社会中充当着关键角色并且耗费了如此多公帑的事业，必然会受到来自多种渠道的批判。这也是一件好事，因为不加批判地接受科学家所说和所做的每件事将是既危险又武断的。可以有把握地预言，21世纪的科学，通过它的技术应用将会比过去在更大程度上影响日常生活。所以"科学是个好东西吗？"这个问题将仍会更加迫切需要回答。哲学上的反思也许不会就此问题得出一个最终的、明确的答案，但是它有助于分离出要点，并且促进对它们进行合理的、平和的讨论。

译名对照表

A

absolute motion 绝对运动
absolute space 绝对空间
absolute velocity 绝对速度
Adams, J. 亚当斯
algorithm for theory-choice 理论选择
  的算法
anti-realism 反实在论
approximate truth 近似真理
Aristotle 亚里士多德

B

biological classification 生物学分类
Boyle, R. 玻意耳
Brown, R. 布朗
Brownian motion 布朗运动

C

causality 因果性
Chomsky, N. 乔姆斯基
cladism 分支分类论
cladistics 分支分类学
cladogram 进化树
cloud chamber 云室
cognitive psychology 认知心理学
cognitive science 认知科学
consciousness 意识
Copernican astronomy 哥白尼天文学

Copernicus, N. 哥白尼
creationism 神创论
Crick, F. 克里克

D

Darwin, C. 达尔文
deduction 演绎
deductive inference 演绎推论
deductive reasoning 演绎推理
deficit studies 缺陷研究
Dennett, D. 丹尼特
Descartes, R. 笛卡尔

E

Eddington, A. 爱丁顿
Einstein, A. 爱因斯坦
empiricism 经验论
evolution, theory of 进化论
experiment 实验、试验
explanandum 被解释项
explanans 解释项

F

falsifiability 可证伪性
flagpole problem 旗杆问题
Fodor, J. 福多尔
free-fall, Galileo's law of 伽利略的自由
  落体定律

Fresnel, A. 菲涅耳

Freud, S. 弗洛伊德

Freudian psychoanalysis 弗洛伊德精神分析

G

Galileo, G. 伽利略

Gassendi, P. 伽桑狄

gravity, Newton's law of 牛顿的万有引力定律

H

Harman, G. 哈曼

Hempel, C. 亨普尔

history, Marx's theory of 马克思的历史理论

history of science 科学史

holism 整体论

Hooke, R. 胡克

Human Genome Project 人类基因组计划

Hume, D. 休谟

Hume's problem 休谟问题

Huygens, C. 惠更斯

I

Idealism 观念论

identity of indiscernibles, principle of (PII) 不可区分事物的同一性原则（PII）

incest avoidance 乱伦回避

incommensurability 不可通约性

induction 归纳

inductive inference 归纳推论

inductive reasoning 归纳推理

inertial effects 惯性效应

inference to the best explanation (IBE) 最佳解释推论

information encapsulation 信息分隔

instrumentalism 工具论

K

Kekule, A. 凯库勒

Kepler, J. 开普勒

Keynes, J. M. 凯恩斯

kinetic theory of matter 分子运动论

Kuhn, T. 库恩

L

Laudan, L. 劳丹

laws of nature 自然律

Leibniz, G. 莱布尼兹

Leverrier, U. 勒威耶

Linnaeus, C. 林奈

Linnean system 林奈系统

logical positivism 逻辑实证主义

M

Marx, K. 马克思

Maxwell, G. 马克斯韦尔

mechanical philosophy 机械论哲学

mechanics 力学

Mendelian genetics 孟德尔遗传学

Metaphysics 形而上学

modularity of mind 意识的模块性

module 模块

monophyletic group 单系类群

monophyly 单系性

Muller-Lyer illusion 米勒-利耶尔错觉

multiple realization 多重实现

unobservable entities 不可观察的实体

V

vague concepts 模糊概念
van Fraassen, B. 范·弗拉森

W

Watson, J. 沃森
wave theory of light 光的波动理论
Wernicke's area 韦尼克区
Wittgenstein, L. 维特根斯坦

扩展阅读

Chapter 1

A. Rupert Hall, *The Revolution in Science 1500–1750* (Longman, 1983) contains a good account of the scientific revolution. Detailed treatment of particular topics in the history of science can be found in R. C. Olby, G. N. Cantor, J. R. R. Christie, and M. J. S. Hodge (eds.), *Companion to the History of Modern Science* (Routledge, 1990). There are many good introductions to philosophy of science. Two recent ones include Alexander Rosenberg, *The Philosophy of Science* (Routledge, 2000) and Barry Gower, *Scientific Method* (Routledge, 1997). Martin Curd and J. A. Cover (eds.), *Philosophy of Science: The Central Issues* (W.W. Norton, 1998) contains readings on all the main issues in philosophy of science, with extensive commentaries by the editors. Karl Popper's attempt to demarcate science from pseudo-science can be found in his *Conjectures and Refutations* (Routledge, 1963). A good discussion of Popper's demarcation criterion is Donald Gillies, *Philosophy of Science in the 20th Century* (Blackwell, Part IV, 1993). Anthony O'Hear, *Karl Popper* (Routledge, 1980) is a general introduction to Popper's philosophical views.

Chapter 2

Wesley Salmon, *The Foundations of Scientific Inference* (University of Pittsburgh Press, 1967) contains a very clear discussion of all the issues raised in this chapter. Hume's original argument can be found in Book IV, section 4 of his *Enquiry Concerning Human Understanding*, ed.

L. A. Selby-Bigge (Clarendon Press, 1966). Strawson's article is in Richard Swinburne (ed.), *The Justification of Induction* (Oxford University Press, 1974); the other papers in this volume are also of interest. Gilbert Harman's paper on IBE is 'The Inference to the Best Explanation', *Philosophical Review* 1965 (74), pp. 88–95. Peter Lipton, *Inference to the Best Explanation* (Routledge, 1991), is a book-length treatment of the topic. Popper's attempted solution of the problem of induction is in *The Logic of Scientific Discovery* (Basic Books, 1959); the relevant section is reprinted in M. Curd and J. Cover (eds.), *Philosophy of Science* (W.W. Norton, 1998), pp. 426–432. A good critique of Popper is Wesley Salmon's 'Rational Prediction', also reprinted in Curd and Cover (eds.), pp. 433–444. The various interpretations of probability are discussed in Donald Gillies, *Philosophical Theories of Probability* (Routledge, 2000) and in Brian Skryms, *Choice and Chance* (Wadsworth, 1986).

Chapter 3

Hempel's original presentation of the covering law model can be found in his *Aspects of Scientific Explanation* (Free Press, 1965, essay 12). Wesley Salmon, *Four Decades of Scientific Explanation* (University of Minnesota Press, 1989) is a very useful account of the debate instigated by Hempel's work. Two collections of papers on scientific explanation are Joseph Pitt (ed.), *Theories of Explanation* (Oxford University Press, 1988) and David-Hillel Ruben (ed.), *Explanation* (Oxford University Press, 1993). The suggestion that consciousness can never be explained scientifically is defended by Colin McGinn, *Problems of Consciousness* (Blackwell, 1991); for discussion, see Martin Davies 'The Philosophy of Mind' in A. C. Grayling (ed.), *Philosophy: A Guide Through the Subject* (Oxford University Press, 1995) and Jaegwon Kim, *Philosophy of Mind* (Westview Press, 1993, chapter 7). The idea that multiple realization accounts for the autonomy of the higher-level sciences is developed in a difficult paper by Jerry Fodor, 'Special Sciences', *Synthese* 28, pp. 77–115. For more on the important topic of reductionism, see the papers in section 8 of M. Curd and J. Cover (eds.), *Philosophy of Science* (W.W. Norton, 1998) and the editors' commentary.

Chapter 4

Jarrett Leplin (ed.), *Scientific Realism* (University of California Press, 1984) is an important collection of papers on the realism/anti-realism debate. A recent book-length defence of realism is Stathis Psillos, *Scientific Realism: How Science Tracks Truth* (Routledge, 1999). Grover Maxwell's paper 'The Ontological Status of Theoretical Entities' is reprinted in M. Curd and J. Cover (eds.), *Philosophy of Science* (W.W. Norton, 1998), pp. 1052–1063. Bas van Fraassen's very influential defence of anti-realism is in *The Scientific Image* (Oxford University Press, 1980). Critical discussions of van Fraassen's work, with replies by van Fraassen, can be found in C. Hooker and P. Churchland (eds.), *Images of Science* (University of Chicago Press, 1985). The argument that scientific realism conflicts with the historical record is developed by Larry Laudan in 'A Confutation of Convergent Realism', *Philosophy of Science* 1981 (48), pp. 19–48, reprinted in Leplin (ed.), *Scientific Realism*. The 'no miracles' argument was originally developed by Hilary Putnam; see his *Mathematics, Matter and Method* (Cambridge University Press, 1975), pp. 69ff. Larry Laudan's 'Demystifying Underdetermination' in M. Curd and J. Cover (eds.), *Philosophy of Science* (W.W. Norton, 1998), pp. 320–353, is a good discussion of the concept of underdetermination.

Chapter 5

Important papers by the original logical positivists can be found in H. Feigl and M. Brodbeck (eds.), *Readings in the Philosophy of Science* (Appleton-Century-Croft, 1953). Thomas Kuhn, *The Structure of Scientific Revolutions* (University of Chicago Press, 1963) is for the most part very readable; all post-1970 editions contain Kuhn's Postscript. Kuhn's later thoughts, and his reflections on the debate sparked by his book, can be found in 'Objectivity, Value Judgment and Theory Choice' in his *The Essential Tension* (University of Chicago Press, 1977), and *The Road Since Structure* (University of Chicago Press, 2000). Two recent book-length discussions of Kuhn's work are Paul Hoyningen-Heune, *Reconstructing Scientific Revolutions: Thomas Kuhn's Philosophy of Science* (University of Chicago Press, 1993) and Alexander Bird, *Thomas Kuhn* (Princeton University Press, 2001). Paul Horwich (ed.), *World Changes* (MIT Press, 1993) contains discussions of Kuhn's work by well-known historians and philosophers of science, with comments by Kuhn himself.

Chapter 6

The original debate between Leibniz and Newton consists of five papers by Leibniz and five replies by Samuel Clarke, Newton's spokesman. These are reprinted in H. Alexander (ed.), *The Leibniz-Clarke Correspondence* (Manchester University Press, 1956). Good discussions can be found in Nick Huggett (ed.), *Space from Zeno to Einstein* (MIT Press, 1999) and Christopher Ray, *Time, Space and Philosophy* (Routledge, 1991). Biological classification is discussed from a philosophical viewpoint by Elliott Sober, *Philosophy of Biology* (Westview Press, 1993, chapter 7). A very detailed account of the clash between pheneticists and cladists is given by David Hull, *Science as a Process* (University of Chicago Press, 1988). Also useful is Ernst Mayr, 'Biological Classification: Towards a Synthesis of Opposing Methodologies' in E. Sober (ed.), *Conceptual Issues in Evolutionary Biology*, 2nd edn. (MIT Press, 1994). Jerry Fodor, *The Modularity of Mind* (MIT Press, 1983) is quite difficult but well worth the effort. Good discussions of the modularity issue can be found in Kim Sterelny, *The Representational Theory of Mind* (Blackwell, 1990) and J. L. Garfield, 'Modularity', in S. Guttenplan (ed.), *A Companion to the Philosophy of Mind* (Blackwell, 1994).

Chapter 7

Tom Sorell, *Scientism* (Routledge, 1991) contains a detailed discussion of the concept of scientism. The issue of whether the methods of natural science are applicable to social science is discussed by Alexander Rosenberg, *Philosophy of Social Science* (Clarendon Press, 1988) and David Papineau, *For Science in the Social Sciences* (Macmillan, 1978). The creationist/Darwinist controversy is examined in detail by Philip Kitcher, *Abusing Science: The Case Against Creation* (MIT Press, 1982). A typical piece of creationist writing is Duane Gish, *Evolution? The Fossils Say No!* (Creation Life Publishers, 1979). Good general discussions of the issue of value-ladenness include Larry Laudan, *Science and Values* (University of California Press, 1984) and Helen

Longino, *Science as Social Knowledge: Values and Objectivity in Scientific Inquiry* (Princeton University Press, 1990). The controversy over sociobiology was instigated by Edward O. Wilson, *Sociobiology* (Harvard University Press, 1975); also relevant is his *On Human Nature* (Bantam Books, 1978). A detailed and fair examination of the controversy is given by Philip Kitcher, *Vaulting Ambition: Sociobiology and the Quest for Human Nature* (MIT Press, 1985).